油气井下作业现场典型安全隐患图集

江少波　著

中国石化出版社

图书在版编目（CIP）数据

油气井下作业现场典型安全隐患图集 / 江少波著 . —北京：中国石化出版社，2023.5
ISBN 978-7-5114-6992-2

Ⅰ. ①油…　Ⅱ. ①江…　Ⅲ. ① 油气井—井下作业—安全生产—图集　Ⅳ. ① TE358-64

中国国家版本馆 CIP 数据核字（2023）第 043912 号

中国石化出版社出版发行

地址：北京市东城区安定门外大街 58 号
邮编：100011　电话：(010) 57512500
发行部电话：(010) 57512575
http：//www.sinopec-press.com
E-mail：press@sinopec.com
北京艾普海德印刷有限公司印刷
全国各地新华书店经销
*
787 × 1092 毫米 32 开本 6.75 印张 76 千字
2023 年 5 月第 1 版　2023 年 5 月第 1 次印刷
定价：39.00 元

前言
PREFACE

长久以来，安全生产工作中存在问题难以消灭、重复发生的现象，其重要原因就是隐患不能得到广泛的重视和解释，操作者不能全部掌握本岗位已经发生过的问题情况，从而在无意中导致问题再次发生。“油气田生产现场典型安全隐患图集”系列丛书以油气田生产现场的各类安全生产典型问题为主要内容，针对不同场所、不同专业、不同岗位，分门别类地整理出各类现场在设备管理、人员操作等方面存在的典型问题，并配以图片说明，解释这些问题违反的规章制度、标准规范，以及可能产生的后果，简明扼要、直观清晰。该丛书所列的问题，全部来源于油田各生产现场，是现场真实存在的隐患。

对于油田企业而言，针对不同的专业场景，列出需要重点关注的典型问题，以图书的形式进行宣传和教育，可以实现问题在现场得到长久管控的目的，是保障现场安全生产的重要工作内容，是创新现场安全生产管理方法的有益探索。

该丛书为每个问题均配套了现场图片，贴近生产一线，使知识点的掌握直观、不枯燥，是为油田企业各岗位量身定制的安全生产工具书，具有很高的使用价值。该丛书不仅是基层现场安全教育培训的好教材，也是现场加强风险管控、实现问题销项的好措施，对加强安全生产工作具有重要意义。

《油气井下作业现场典型安全隐患图集》由江少波编写、设计及统稿。笔者熟悉油田各类生产环节的设备设施、工艺流程，具有丰富的基层工作经验和安全环保管理工作经验，多次获得全国优秀质量管理小组成员、中石化安全生产先进个人等荣誉称号。

该丛书可供油气田生产现场操作人员及安全监督、管理人员日常工作使用，也可作为油气田现场员工专业培训与学习用书。由于安全生产工作的高度复杂性及作者水平有限，书中难免存在不足之处，敬请广大读者批评指正。

目录
CONTENTS

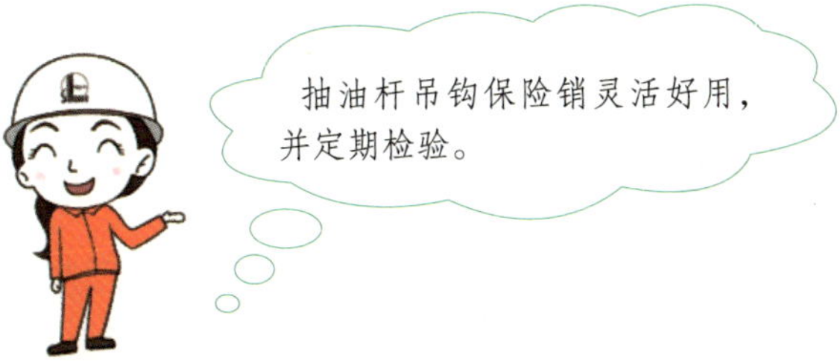

《井下作业安全规程》（SY 5727—2014）中3.12.4

案例： 某井下抽油杆作业现场，承包商作业队使用的抽油杆吊钩防脱装置失效。

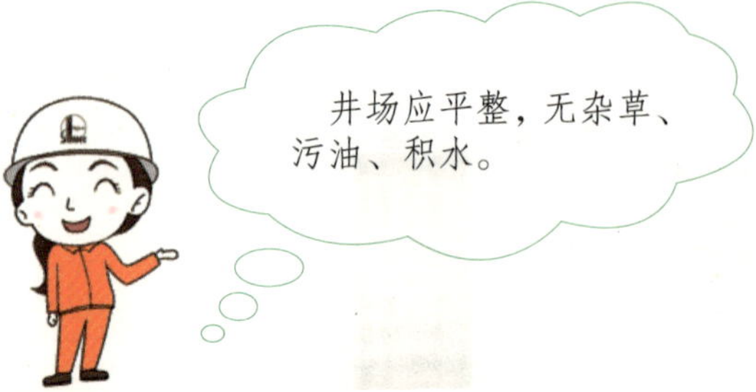

《井下作业安全规程》(SY 5727—2014)中5.6

案例： 某井压裂施工现场，承包商压裂队伍使用的柴油罐周围有干杂草。

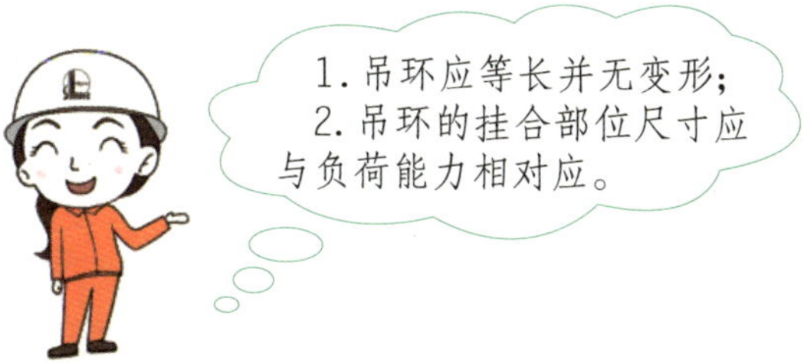

1.《井下作业安全规程》(SY/T 5727—2020)中3.12.1
2.《石油钻、修井用吊具安全技术检验规范》(SY/T 6605—2018)中7.1.2.3

案例： 某井打捞解卡作业现场，承包商作业队使用的吊环一只弯曲变形、一只挂合部位尺寸磨损至39mm（经计算对应负荷能力为31t），不满足解卡负荷36t的施工要求。

井架绷绳若出现一扭绳中发现有三根断丝不应继续使用。

《井下作业安全规程》(SY 5727—2014)中3.6.2

案例： 某井检泵提抽油杆作业现场，承包商作业队修井机右侧车载绷绳一扭绳有三根断丝。

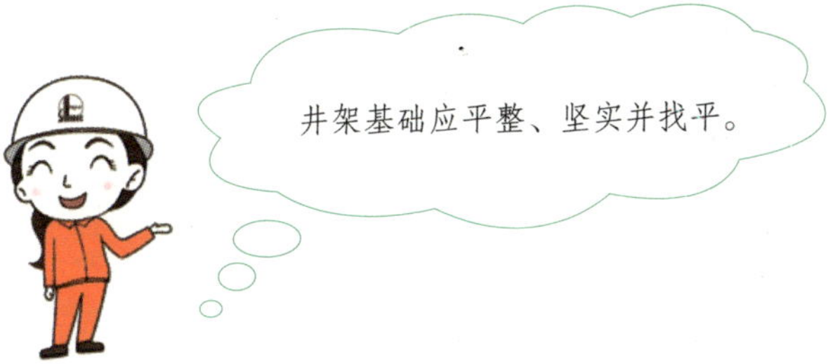

《井下作业安全规程》(SY 5727—2014) 中3.3.1

案例： 某井封堵转注作业现场，承包商作业队使用的修井机井架底座倾斜，存在井架倾倒风险。

《井下作业安全规程》(SY/T 5727—2020)中3.9.4

案例： 某井小修作业现场，承包商使用的修井机额定钩载900kN，未配船型底座。

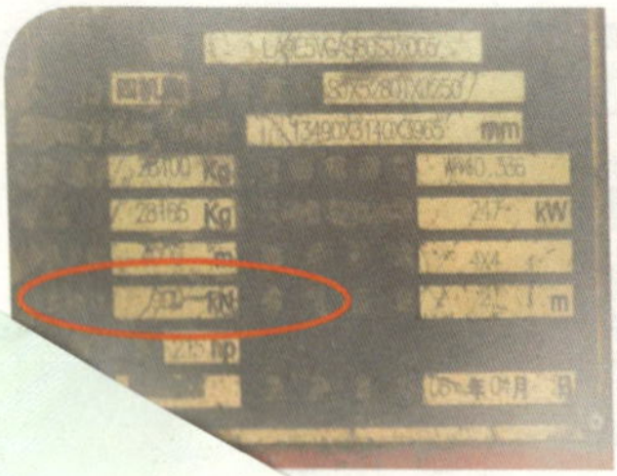

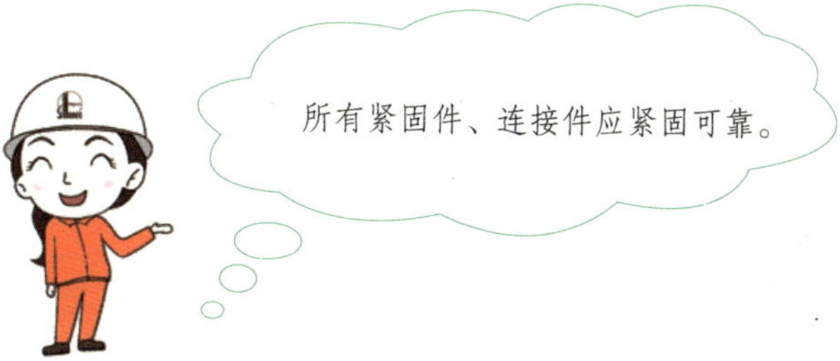

《井下作业安全规程》（SY/T 5727—2020）中3.2.4

案例： 某井大修作业现场，承包商使用的液压钳吊筒处开焊。

剎带无变形、无裂纹。

《井下作业安全规程》(SY/T 5727—2020) 中 3.10.4

案例： 某井下完井管作业现场，承包商使用的通井机刹车钢带变形，存在刹车失效风险。

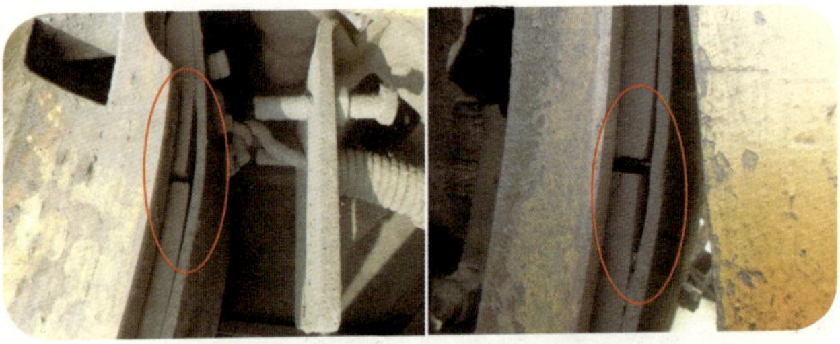

所有紧固件、连接件应紧固可靠，销子应有锁紧保险装置。

《井下作业安全规程》（SY/T 5727—2020）3.3.4

案例： 某井大修现场，临时更换的液压钳吊钩与卸扣不匹配，造成吊钩无法闭合。

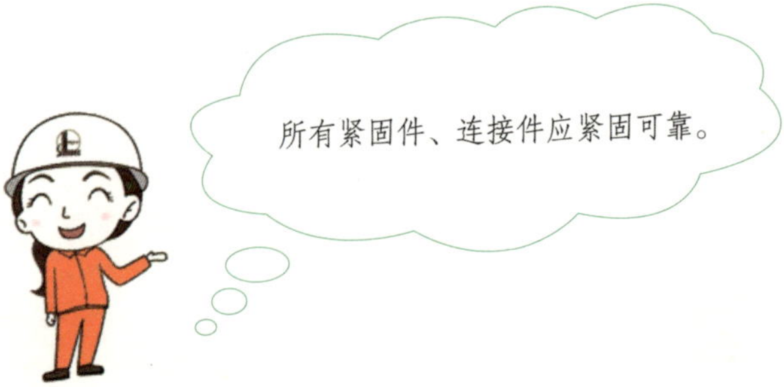

《井下作业安全规程》(SY/T 5727—2020)3.3.4

案例: 某井作业现场,承包商使用的液压钳尾绳固定螺栓松动。

月牙吊卡应使用防跳吊卡销子并拴有保险绳。

《井下作业安全规程》(SY/T 5727—2020)中3.13.2

案例：某井起打捞油管作业现场，承包商使用的吊卡销子防跳功能失效。

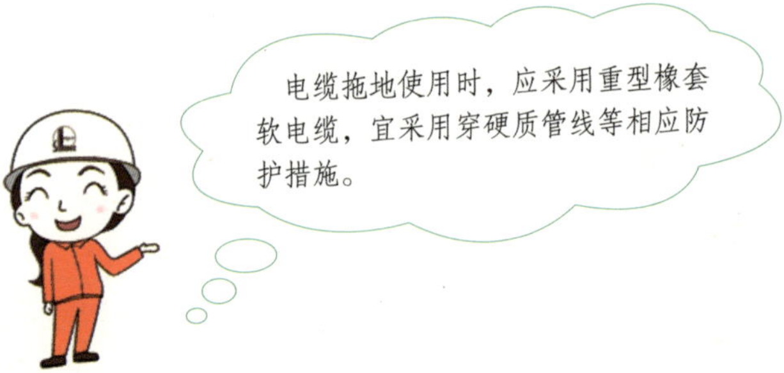

《井下作业安全规程》（SY/T 5727—2020）中 3.19.1.6

案例： 某井下卡封管作业现场，井场排水用220V电潜泵电源线就地敷设，存在触电风险。

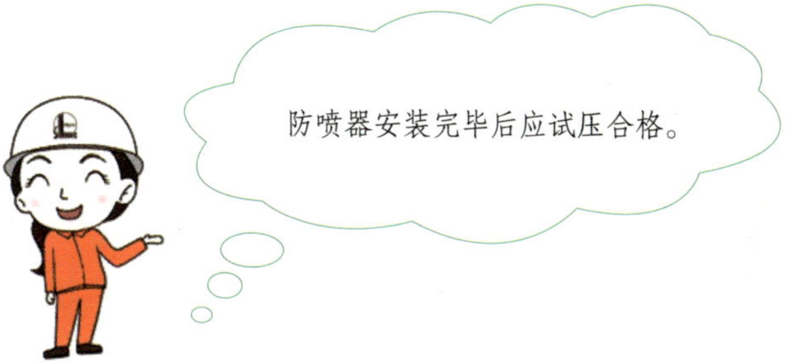

《井下作业安全规程》(SY/T 5727—2020) 中 3.17.2

案例： 某井准备下完井管作业现场，承包商作业前未对防喷器全封闸板进行现场试压。

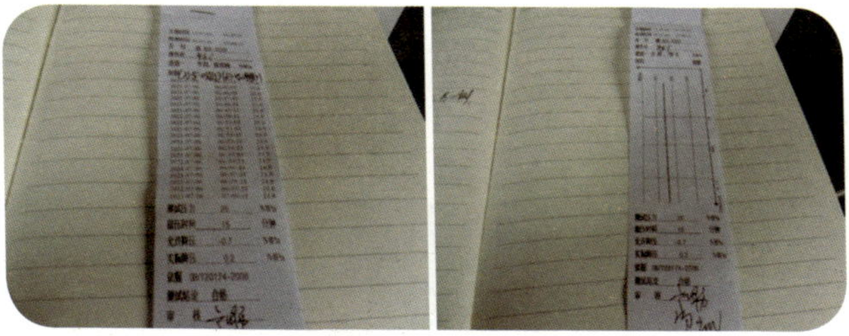

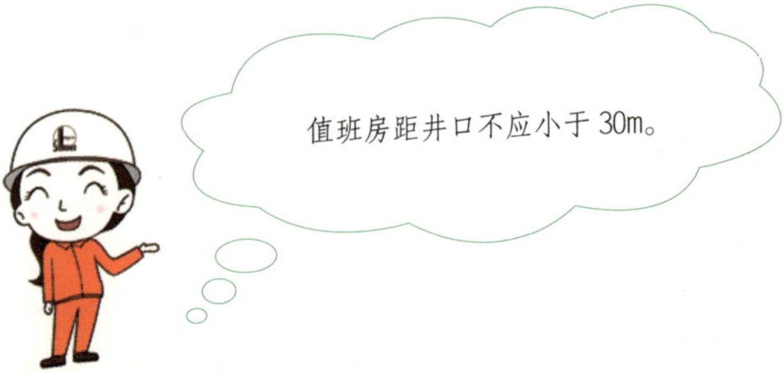

《井下作业安全规程》(SY/T 5727—2020)中3.2.3

案例： 某井小修作业现场，值班房设置在井架的侧前方距离井口15m处，存在井架倒塌砸到值班房的风险。

通井机作业时，千斤腿应放下并支实。

《井下作业安全规程》(SY/T 5727—2020)中3.9.3

案例： 某井小修作业现场，作业井深3300余米，通井机千斤腿未放下。

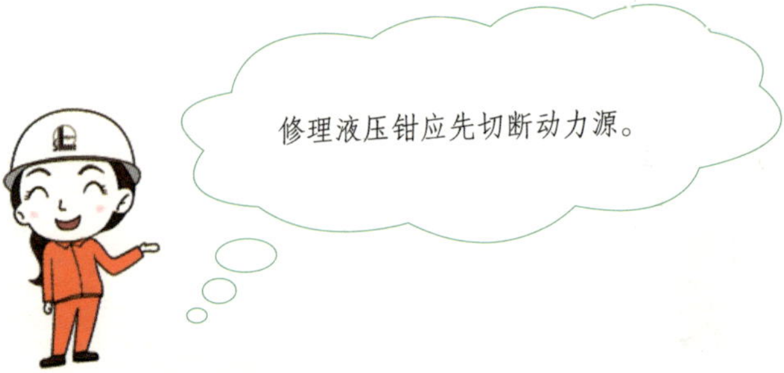

《井下作业安全规程》(SY/T 5727—2020)中3.14.4

案例： 某井小修作业现场，施工人员在检修液压钳期间未断开修井机动力源，存在误操作及伤人风险。

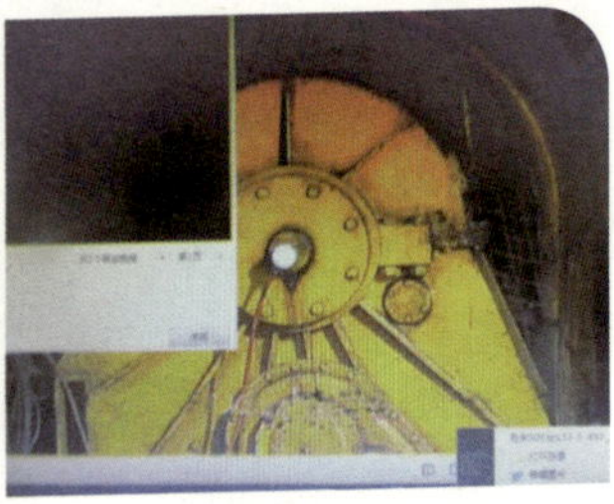

使用修井机作业时，死绳固定器应可靠有效。

《井下作业安全规程》(SY/T 5727—2020)中3.11.4

案例： 某井下打捞管柱施工现场，承包商使用的修井机死绳固定器缺少一条防脱杆。

提升钢丝绳若出现以下任何一种情况不应继续使用：a. 一纽绳中发现随机分布的六根断丝；b. 一纽绳中的一股中发现有三根断丝。

《井下作业安全规程》(SY/T 5727—2020)中3.11.2

案例： 某井检管换封作业现场，承包商使用的提升钢丝绳一纽绳中单股出现三根断丝。

地锚不应打在虚土或水坑等松软地中。

《井下作业安全规程》(SY/T 5727—2020)中3.8.3

案例： 某井小修作业现场，在施工过程中井架固定地锚连续8天浸泡在水中。

1. 台面平整、防滑，立柱盒无变形；
2. 指梁应平直，并用安全装置固定。

1.《井下作业安全规程》(SY/T 5727—2020) 中 3.3.6
2.《石油天然气钻采设备 钻井和修井井架、底座的检查、维护、修理与使用》(SY/T 6408—2018) 中 5.4

案例： 某井大修换套施工现场，钻台油管立柱底部用铁盒支撑，且指梁处未有效固定，存在立柱倾倒风险。

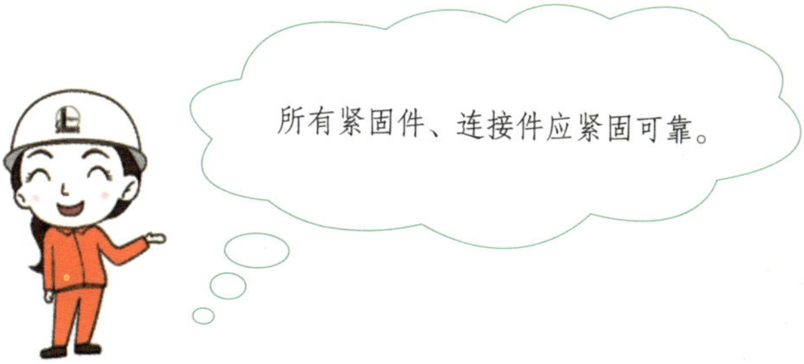

《井下作业安全规程》(SY/T 5727—2020)中3.3.4

案例：某井起刮削管柱作业现场，承包商使用的液压钳尾座两条螺丝松动，存在液压钳摆动伤人风险。

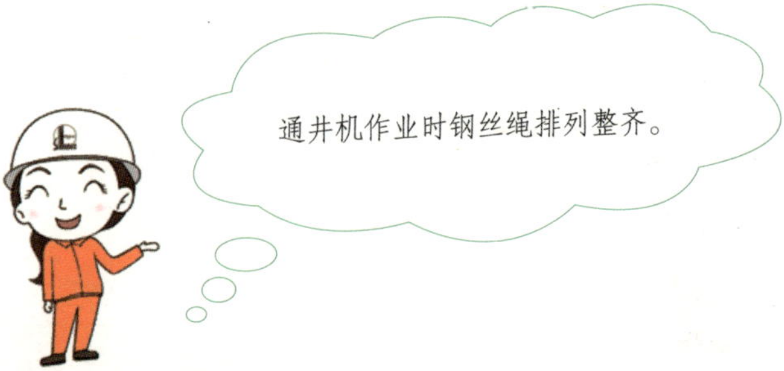

《井下作业安全规程》(SY/T 5727—2020)中3.9.3

案例： 某井小修作业现场，承包商使用的修井机滚筒大绳排列不齐。

逃生滑道逃生口应保持畅通。

《井下作业安全规程》(SY/T 5727—2020)中3.3.6

案例： 某侧钻施工现场，逃生滑道的逃生口被帆布遮挡，影响应急逃生。

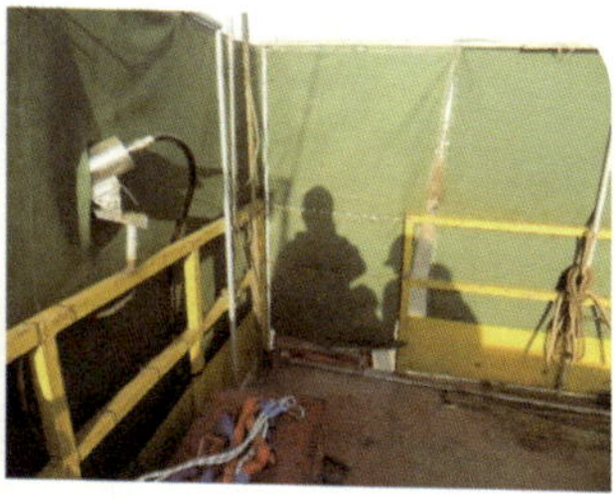

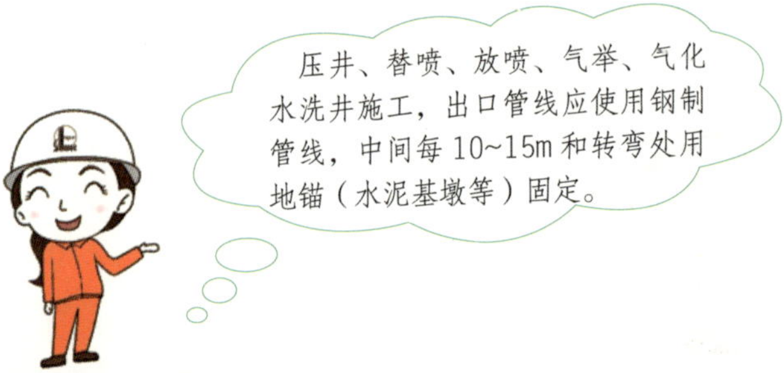

《井下作业安全规程》（SY/T 5727—2020）中3.16

案例： 某井泄压放喷作业现场，员工使用水龙带进行放喷作业，油水喷溅造成地面污染。

防碰距离应不小于2.5m，定期检查防碰装置的完好性。

《井下作业安全规程》(SY/T 5727—2020)中3.10.9

案例：某井下隔热管作业现场，天车防碰装置防碰距离不足1.5m。

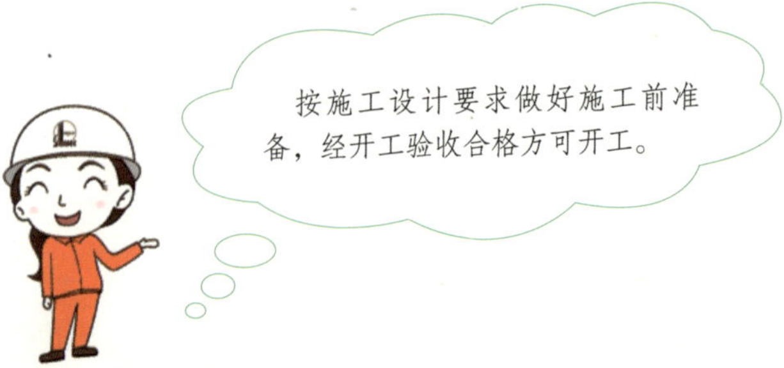

《井下作业安全规程》(SY/T 5727—2020) 中 4.1.7

案例： 某井连续油管施工现场，开工验收使用小修作业开工验收表单，未根据连续油管作业特点制定专用开工验收表单。

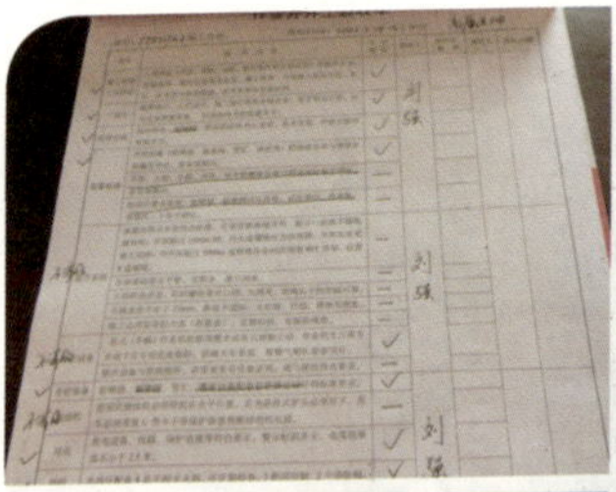

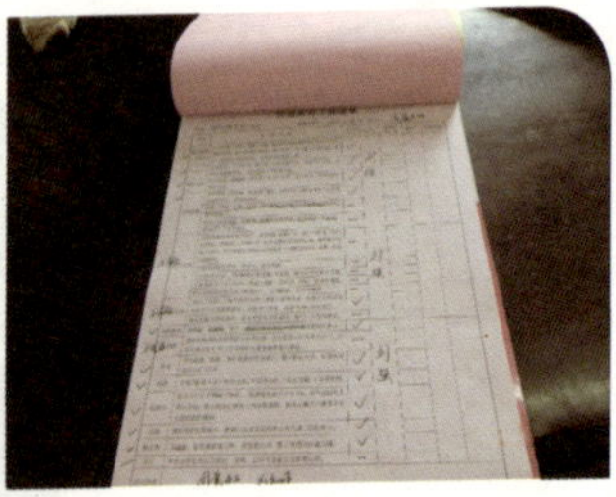

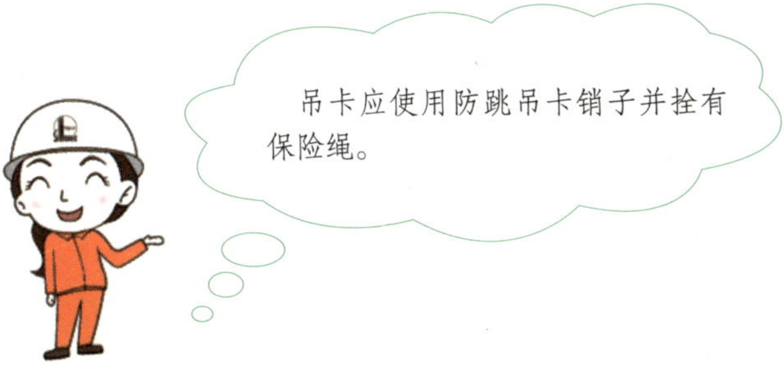

《井下作业安全规程》(SY/T 5727—2020) 中 3.13.2

案例： 某井更换光杆施工现场，操作人员使用的吊卡销子无防跳功能。

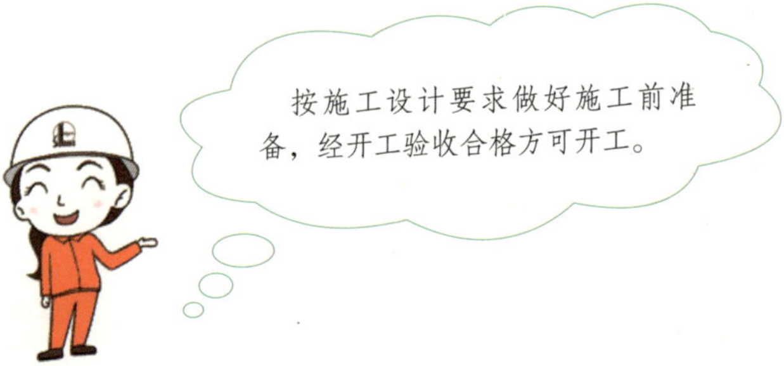

《井下作业安全规程》(SY/T 5727—2020)中4.1.7

案例： 某井作业现场，承包商未经开工验收，进行光杆解卡施工。

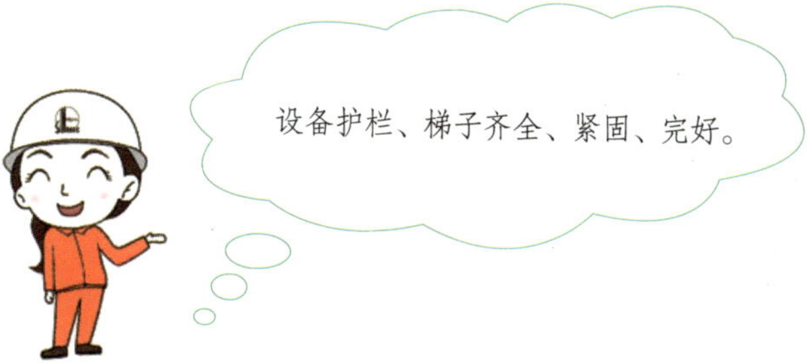

《井下作业安全规程》(SY/T 5727—2020)中3.6.1

案例：某大修作业现场，作业期间作业平台护栏不全。

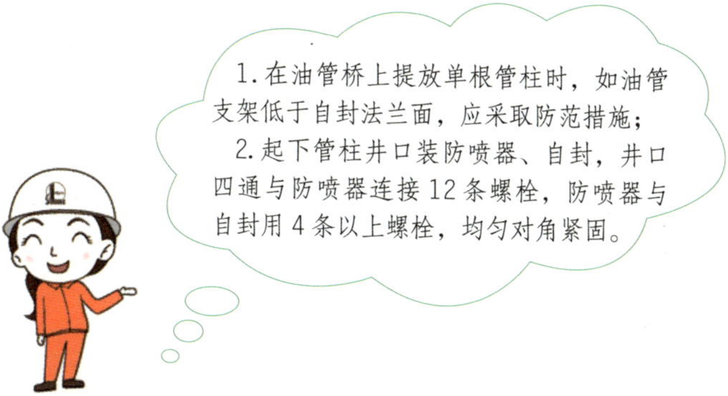

1.《井下作业安全规程》(SY/T 5727—2020) 中 4.2.9

2.《油水井修井作业施工现场管理规范》(Q/SH1020 1566—2017) 中 4.12.5

案例： 某井小修作业现场，承包商在下油管过程中井口未装防刮板及自封。

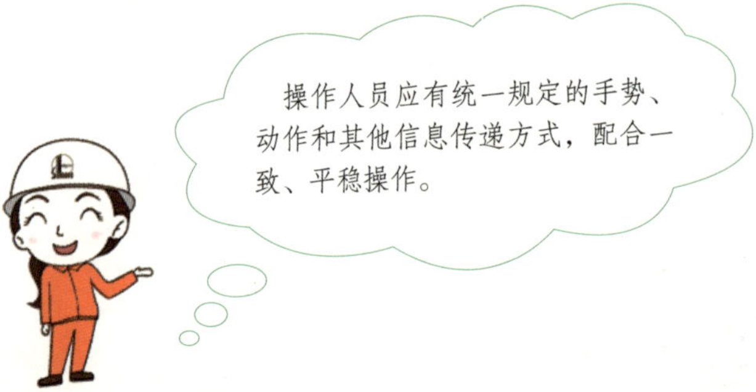

《井下作业安全规程》(SY/T 5727—2020) 中 4.2.2

案例： 某井作业现场，由于司钻操作不当，游车大钩与井口发生碰撞造成吊环剧烈甩动，存在物体打击伤人风险。

钻台梯子与钻台应连接牢固，坡度合适。

《井下作业安全规程》(SY/T 5727—2020) 中3.6.3

案例： 某井验窜施工现场，井口操作台上下爬梯坡度过陡，紧急情况下不利于人员逃生。

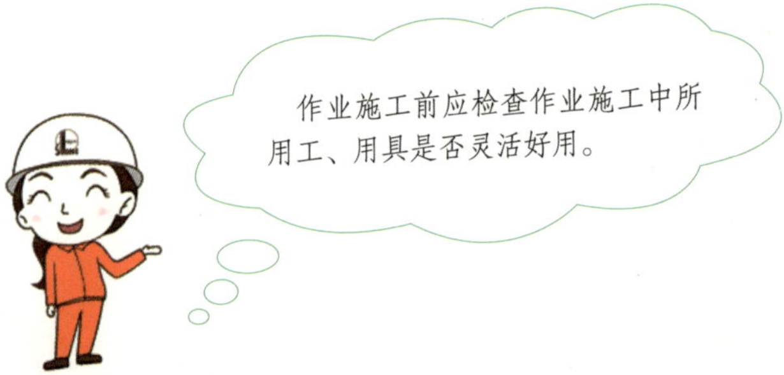

《井下作业安全规程》(SY/T 5727—2020)中4.2.1

案例： 某井带压作业现场，承包商上提油管单根时使用死绳套作为捆绑用具，油管拖动时绳套未收紧，存在脱落伤人风险。

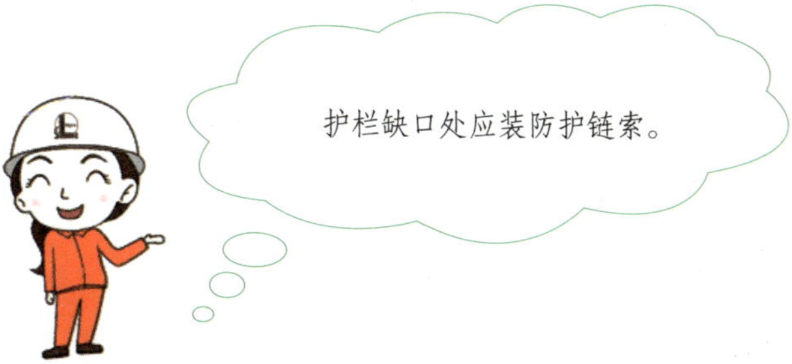

《井下作业安全规程》(SY/T 5727—2020) 中3.3.6

案例： 某大修作业现场，作业人员在钻台上维修设备期间，未将举升机通道防护链索挂好，存在人员跌落风险。

井架不应有变形等缺损。

《井下作业安全规程》(SY/T 5727—2020) 中3.4.1

案例： 某井小修施工现场，井架左侧斜撑焊口开裂。

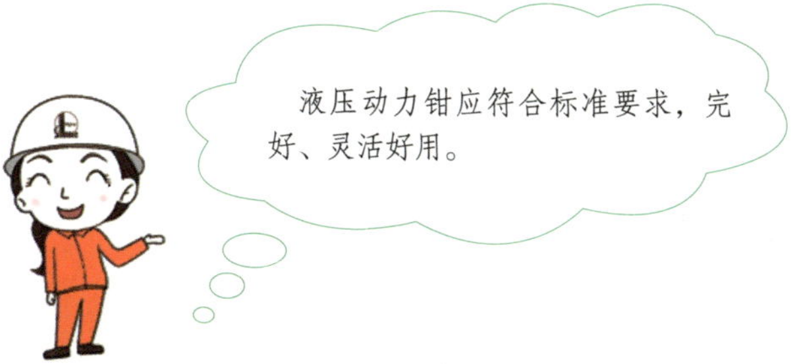

《井下作业安全规程》(SY/T 5727—2020) 中 3.14.1

案例： 某井高速水充填防砂施工，承包商使用的液压钳防挤手门拔叉缺失。

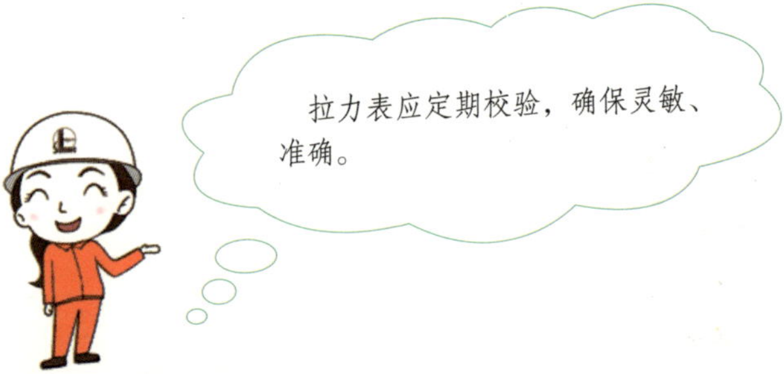

《井下作业安全规程》(SY/T 5727—2020) 中3.11.6

案例： 某小修作业现场，承包商使用的拉力表未经检验、无校验报告。

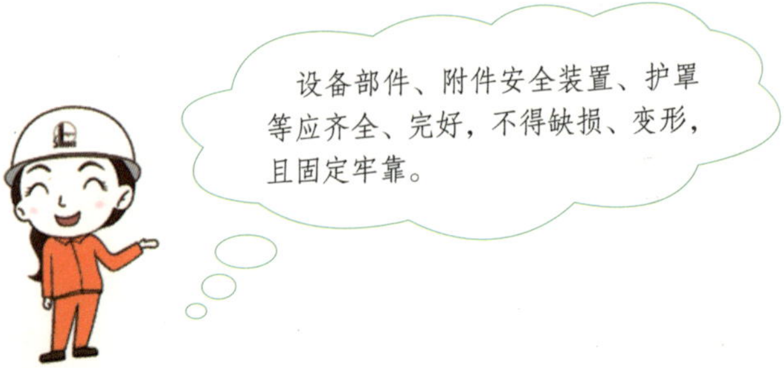

《井下作业安全规程》(SY/T 5727—2020)中3.3.2

案例： 某井循环充填防砂施工现场，承包商使用的井架右后绷绳固定在横撑前端，存在滑移风险。

活绳头按设备设计要求固定牢靠。

《井下作业安全规程》(SY/T 5727—2020) 中3.11.5

案例：某井大修作业现场，修井机活绳头固定不牢靠，存在钢丝绳夹滑脱风险。

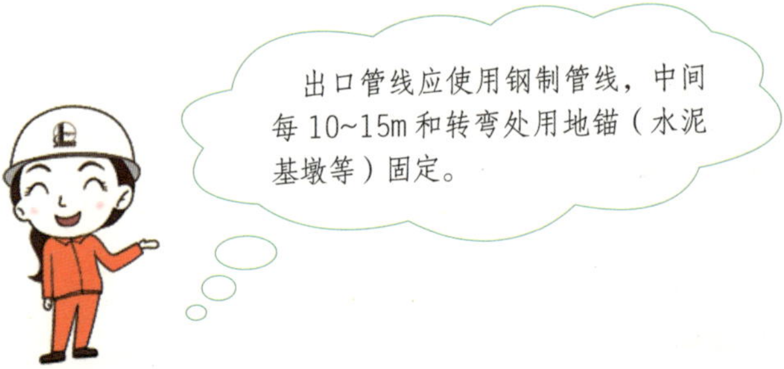

《井下作业安全规程》（SY/T 5727—2020）中 3.16.5

案例：某井带压作业施工现场，放喷管线转弯处未用地锚（水泥基墩等）固定。

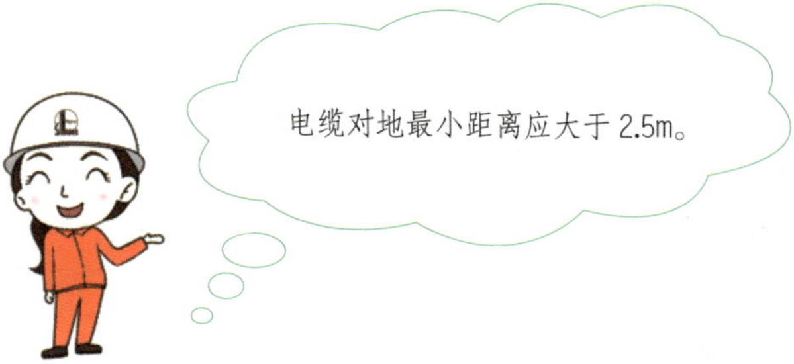

《井下作业安全规程》(SY/T 5727—2020)中3.19.1.3

案例： 某作业现场，照明电缆沿地面跨路敷设，被车辆碾压。

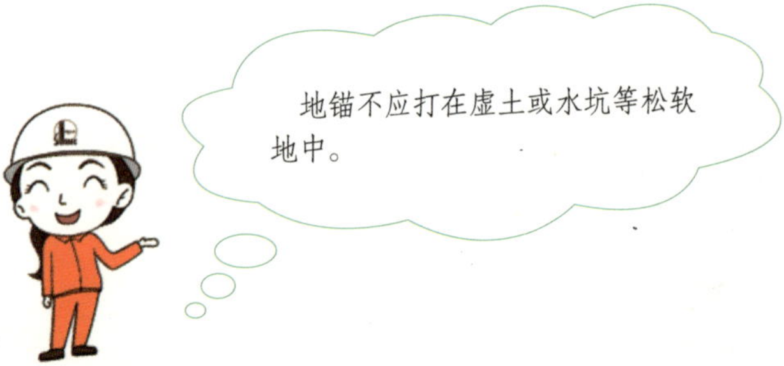

《井下作业安全规程》(SY/T 5727—2020)中3.8.3

案例： 某大修解卡打捞作业现场，井架右后地锚打在松软地中，存在重负荷时地锚拔出风险。

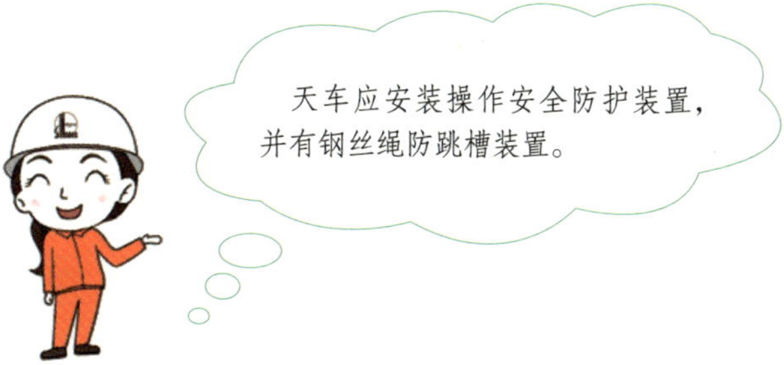

《井下作业安全规程》（SY/T 5727—2020）中3.6.2

案例： 某作业现场，承包商使用的天车防跳槽杆与提升大绳之间的间隙过大，防跳功能失效。

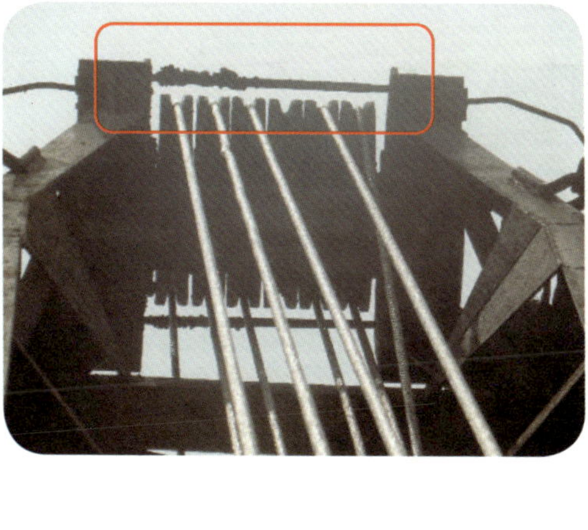

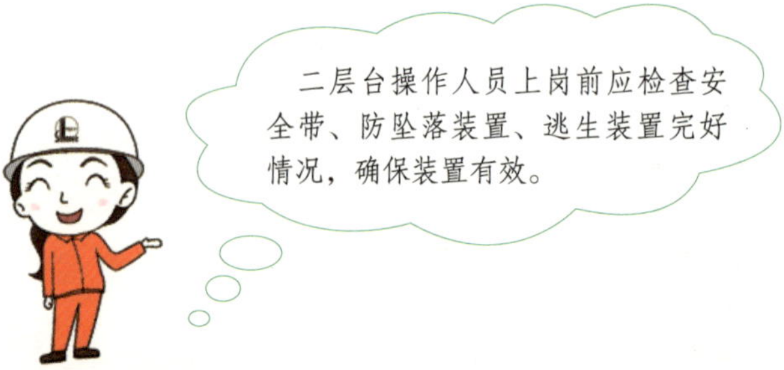

《井下作业安全规程》(SY/T 5727—2020)中3.5.3

案例： 某井解卡打捞大修作业现场，承包商使用的逃生滑索循环绳挂在固定位置，人员无法滑下，紧急情况下人员无法逃生。

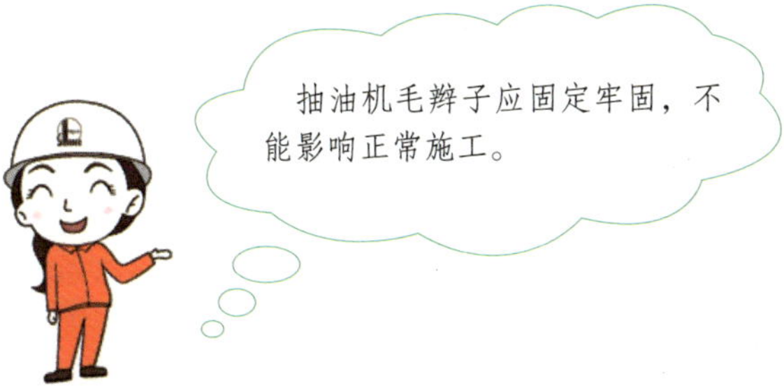

《油水井修井作业施工现场管理规范》（Q/SH 1020 1566—2017）中4.12.4

案例：某井提抽油杆作业现场，施工单位在施工期间未将抽油机毛辫子固定。

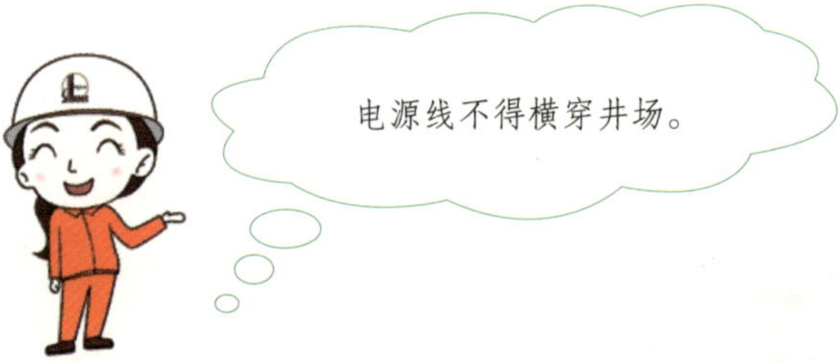

《油水井修井作业施工现场管理规范》(Q/SH 1020 1566—2017)中7.2.4

案例： 某井作业现场，电缆线从油管桥上方横穿井场。

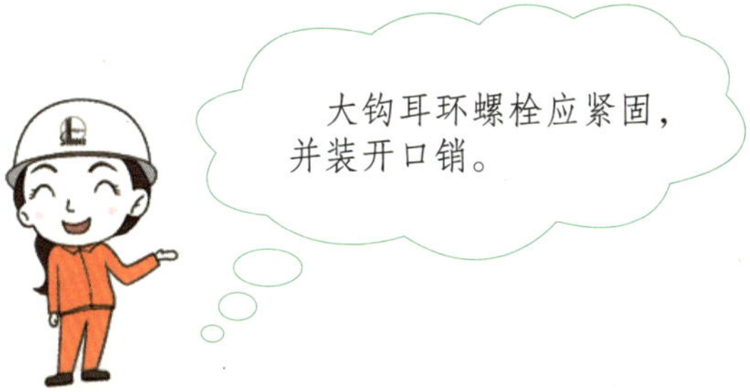

《油水井修井作业施工现场管理规范》(Q/SH 1020 1566—2017)中4.4.4

案例： 某井小修作业现场，承包商作业队使用的井架大钩耳环螺栓未装开口销，存在脱出风险。

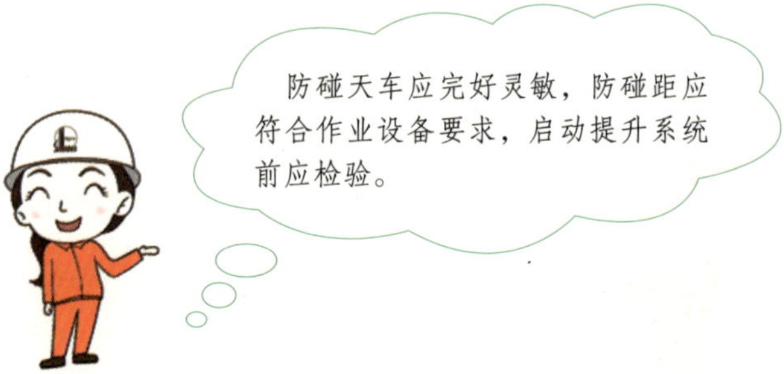

《油水井修井作业施工现场管理规范》(Q/SH1020 1566—2017)中4.3.6

案例： 某井作业现场，承包商使用的修井机防碰天车只报警不制动。

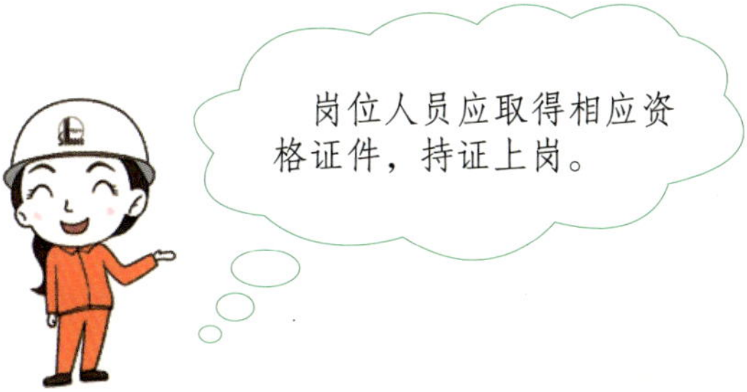

《油水井修井作业施工现场管理规范》(Q/SH 1020 1566—2017)中6.1

案例： 某井小修作业现场，承包商作业队的一名司钻人员未取得司钻证。

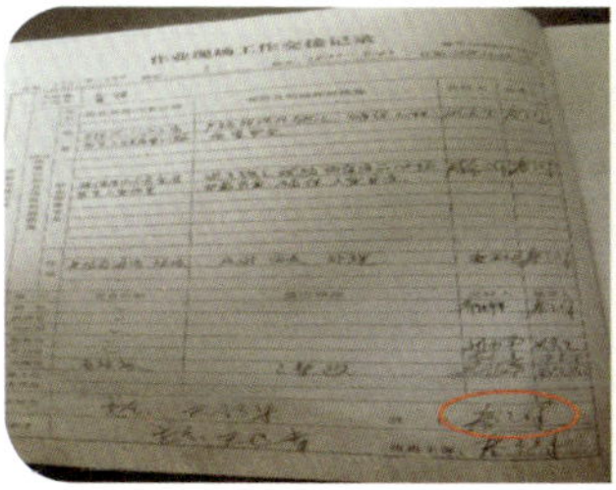

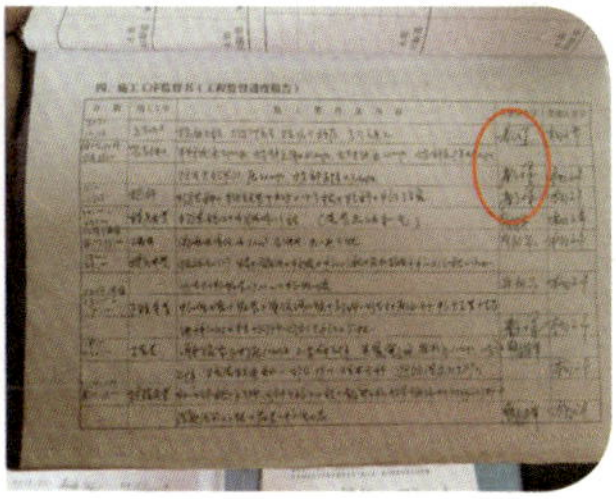

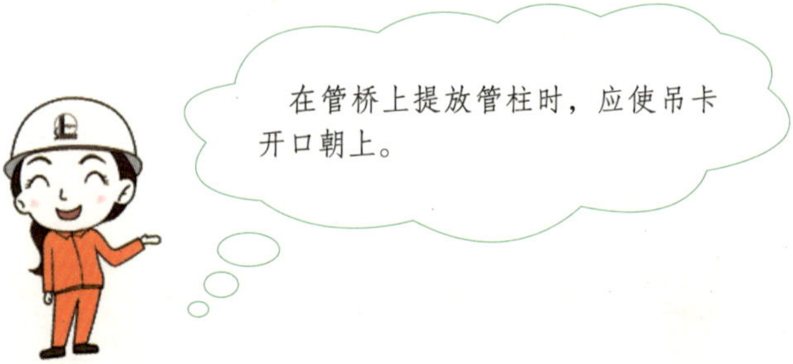

《油水井修井作业施工现场管理规范》(Q/SH 1020 1566—2017)中6.11

案例： 某井小修作业现场，承包商提放油管时吊卡开口朝下。

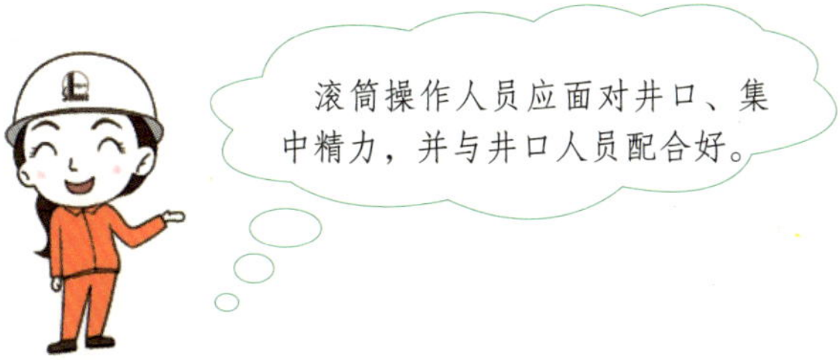

《油水井修井作业施工现场管理规范》(Q/SH 1020 1566—2017)中6.8

案例： 某井作业现场，承包商作业队下冲砂管柱吊单根过程中，井口有人并且司钻未打刹车即离开修井机操作室。

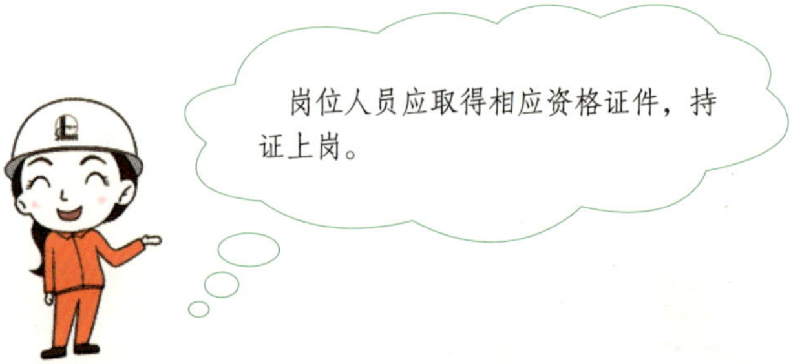

《油水井修井作业施工现场管理规范》(Q/SH1020 1566—2017) 6.1

案例: 某井侧钻现场，承包商中一名技术员取得的安全生产管理人员证件行业类别为“金属非金属矿山”，应为“陆上石油天然气开采”。

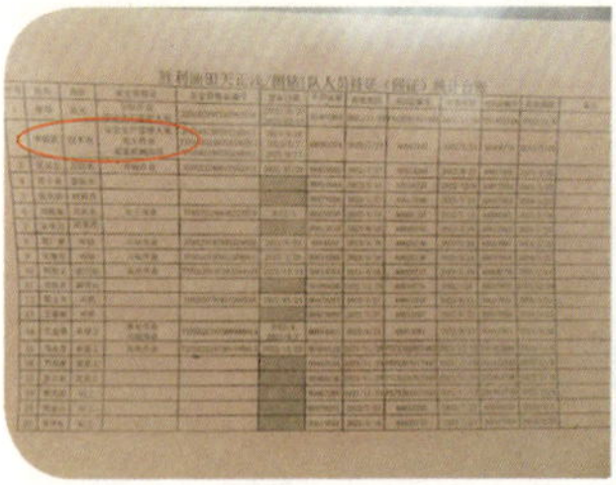

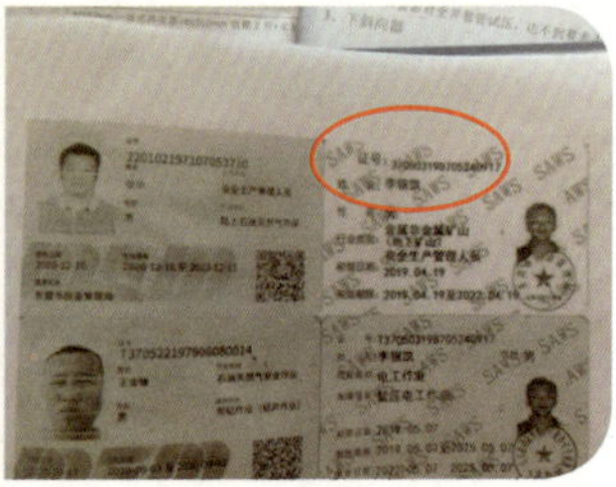

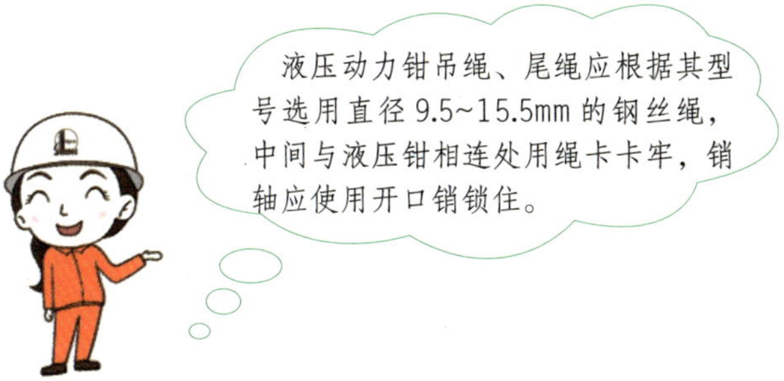

《油水井修井作业施工现场管理规范》(Q/SH1020 1566—2017)中4.13.2

案例： 某井提钻施工现场，承包商侧钻队使用的液压钳尾绳销轴未用开口销锁住。

拉力表保险绳套盘两圈，绳头并接，用 4 个匹配绳卡正反间隔卡牢。

《油水井修井作业施工现场管理规范》(Q/SH1020 1566—2017) 中 4.4.10

案例： 某井洗井作业现场，承包商使用的拉力表保险绳套的绳头未并接，没有达到盘两圈的要求。

抽油机刹车应有刹车保险装置。

《油水井修井作业施工现场管理规范》(Q/SH1020 1566—2017)中6.26

案例：某井作业准备现场，施工人员摘驴头作业时抽油机刹车未安装刹车保险装置。

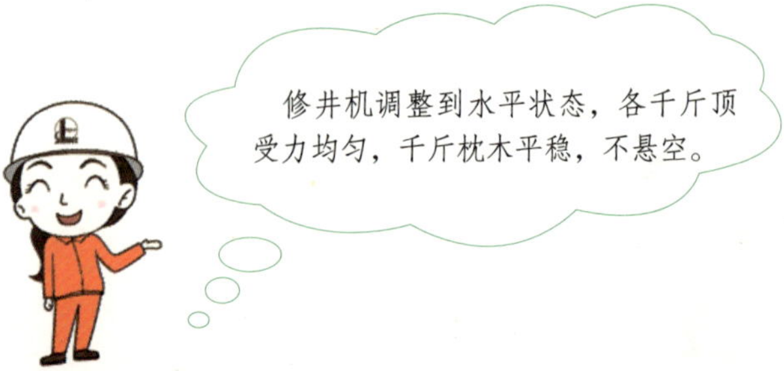

《油水井修井作业施工现场管理规范》(Q/SH1020 1566—2017)中4.3.3

案例： 某井下通井管作业现场，井架支腿下陷，修井机未调整到水平状态。

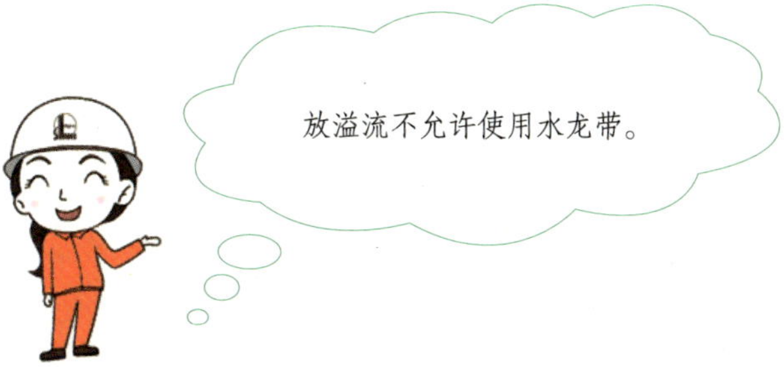

《油水井修井作业施工现场管理规范》(Q/SH1020 1566—2017)中6.24

案例：某井小修作业现场，水井套管有溢流现象，现场使用水龙带放溢流。

大钩耳环螺栓应紧固，并装有开口销。

《油水井修井作业施工现场管理规范》(Q/SH1020 1566—2017)中4.4.4

案例：某井小修作业现场，游车大钩耳环一侧固定螺栓无防脱销，另一侧固定螺栓弯曲变形。

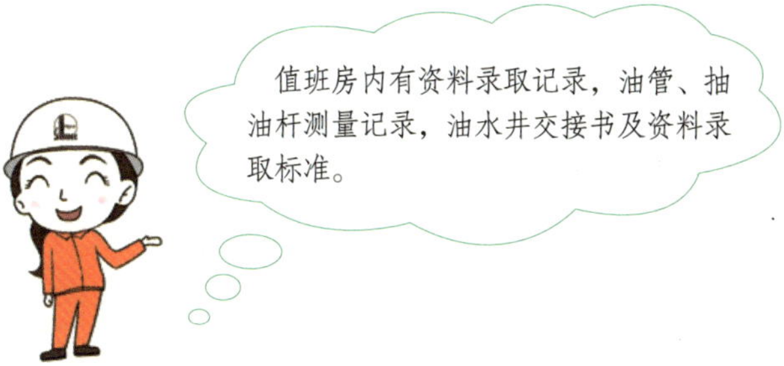

《油水井修井作业施工现场管理规范》(Q/SH1020 1566—2017) 中 12.1.1

案例： 某井小修作业现场，未计算泵深、未丈量抽油杆长度。

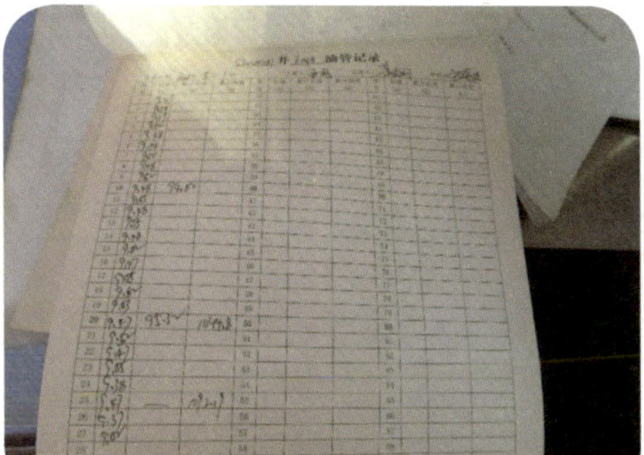

根据井口高度选择合适的井口操作台，站台板完好、牢固、防滑。

《油水井修井作业施工现场管理规范》(Q/SH1020 1566—2017)中4.12.3

案例：某井起原井管柱作业现场，作业人员站在井口接油盒边缘操作液压钳，存在人身伤害风险。

防喷器、压井节流管汇、内防喷工具（旋塞阀等）使用期满3年，应由具有资质的井控检测部门进行全面检测，并提供有效的《井控装置声波探伤检测报告》。

《油水井修井作业施工现场管理规范》(Q/SH1020 1566—2017)中5.3.3

案例：某井打捞施工现场，防喷器使用期满3年未做无损探伤检验。

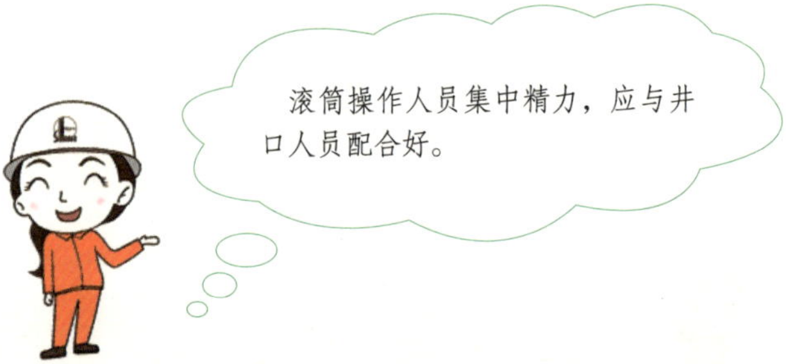

《油水井修井作业施工现场管理规范》(Q/SH1020 1566—2017) 中6.8

案例：某井周转作业现场，井控演练过程中，司钻下放游动滑车速度过快，吊环大幅度摆动，存在人身伤害风险。

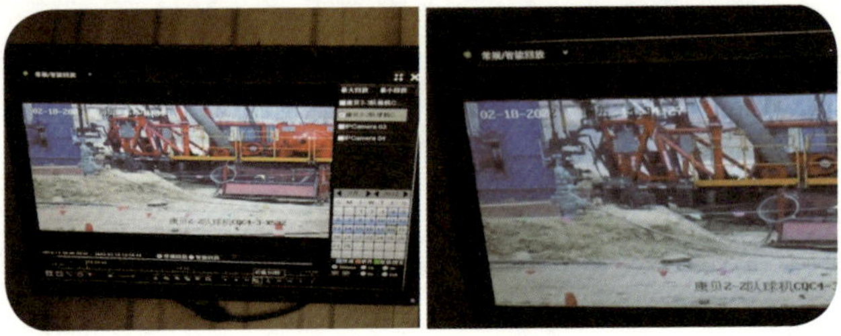

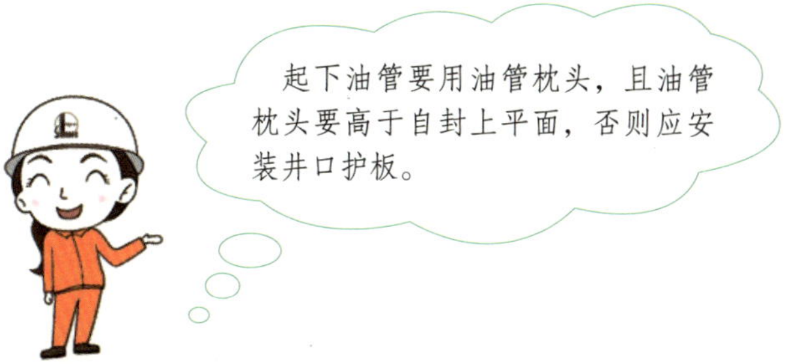

《油水井修井作业施工现场管理规范》（Q/SH1020 1566—2017）中6.18

案例： 某井小修作业现场，承包商下油管时未安装井口防刮护板，提管柱时油管头刮碰井口、另一端翘起，存在施工现场物体打击风险。

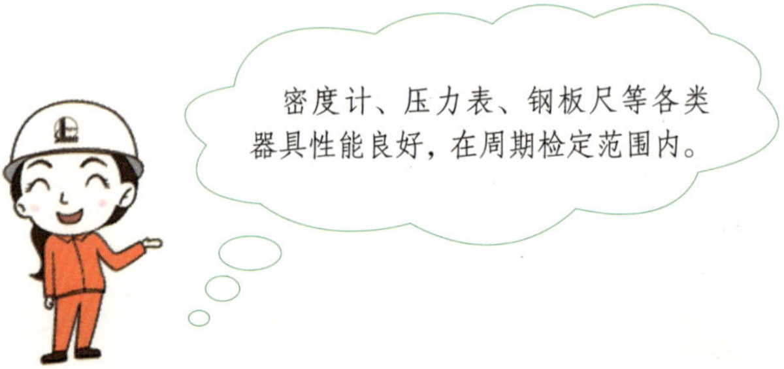

《油水井修井作业施工现场管理规范》(Q/SH1020 1566—2017)中12.5

案例： 某作业施工现场，液压蓄能修井机液压动力系统的三块25MPa耐震压力表超期未校检。

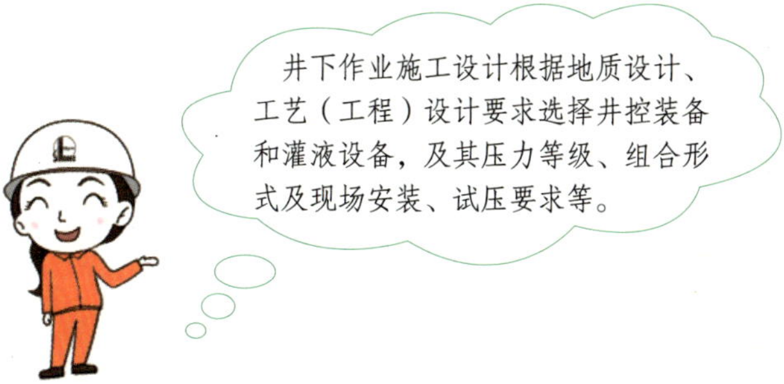

《井控管理实施细则》中3.2.5.1

案例： 某井小修作业现场，工艺设计中注明该井地层压力系数为1.38，经计算该井地层压力系数为0.6，工艺设计计算错误。

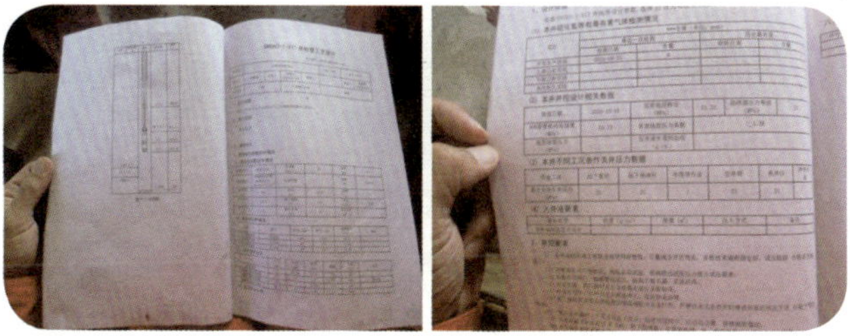

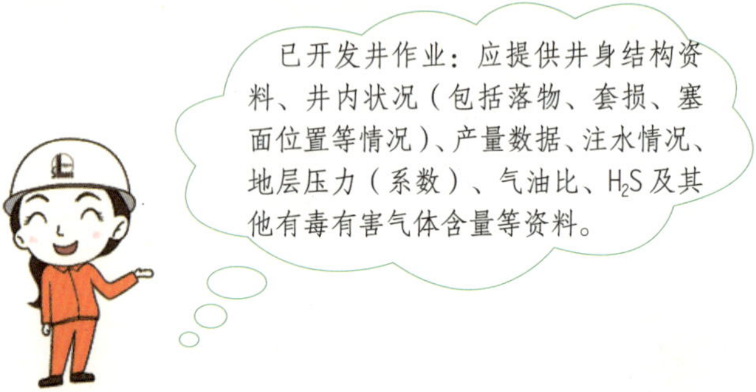

《井控管理实施细则》中3.2.3.2

案例： 某井找漏作业现场，该井为长关井，地质设计中未明确地层压力、气油比、声波时差等数据。

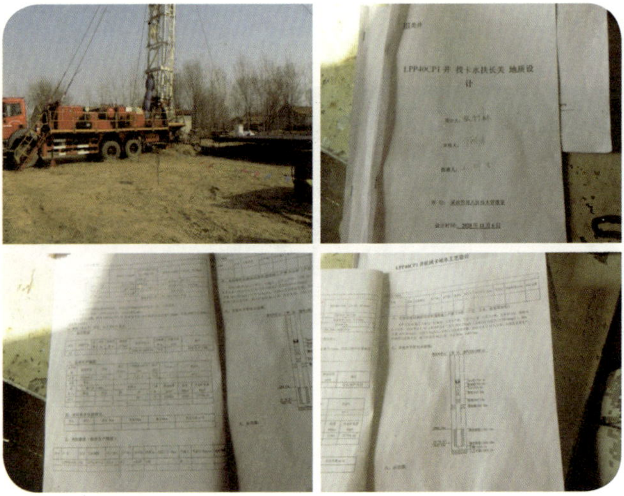

对于特殊地层（“五敏”性、低压漏失等）井，能实施灌液的应提出入井液性能要求；不能灌液的应提出作业要求和井控措施。

《井控管理实施细则》中3.2.3

案例： 某井转抽作业现场，地质设计中注明地层为弱水敏、不需灌液，但该井为压裂后自喷转抽，提油管作业未进行灌液，存在井控风险。

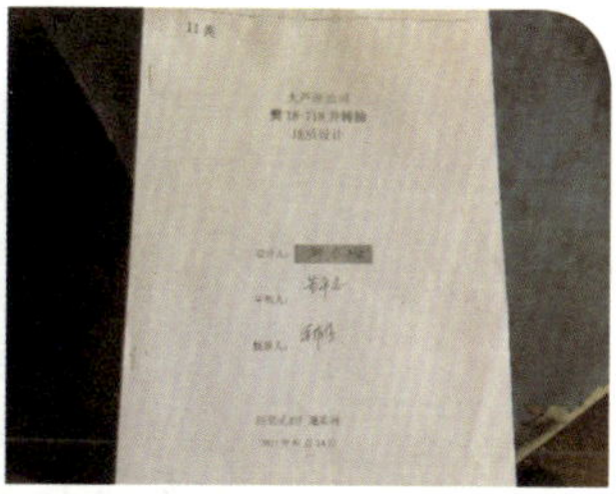

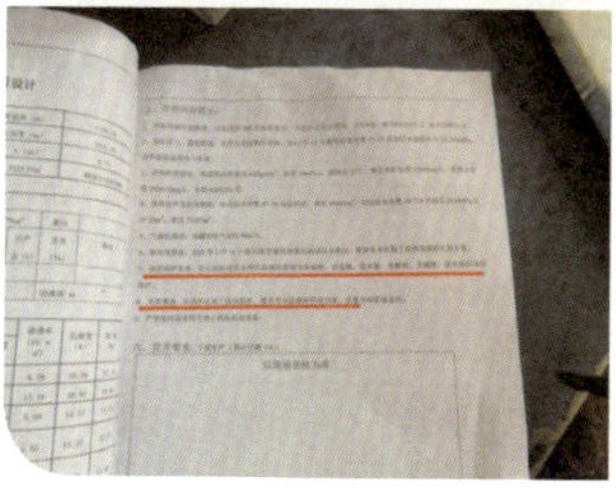

更换井口四通、套管（含短节）作业。作业前应压井至井筒处于稳定状态，即无溢流、无漏失，井口无压力。然后对油层进行封闭，试压合格后方可进行换装作业。

《井控管理实施细则》中2.7.2“应按照井下作业设计组织施工”及5.3.10

案例：某井注汽后投产作业施工现场，拆注汽井口换生产井口施工未按照施工设计要求采取下入套管封堵器或灌液的井控措施，存在发生失控井喷风险。

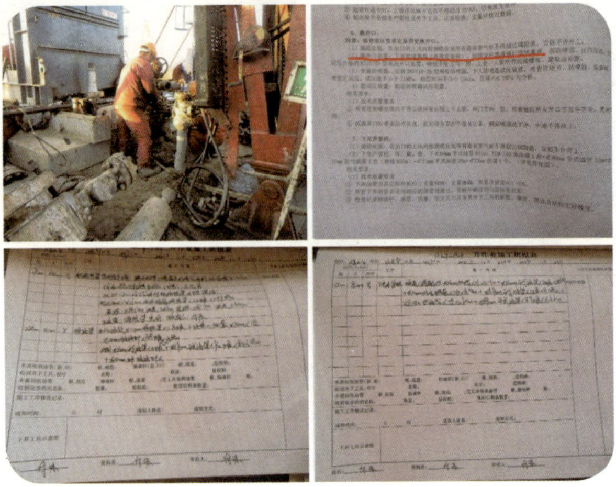

钻、磨、铣、捞等作业时，方钻杆或钻、磨、铣、捞等施工管（钻）柱单根应连接内防喷装置。

《井控管理实施细则》中5.3.8.4

案例： 某井小修作业现场，钻开水泥塞时承包商未使用内防喷工具。

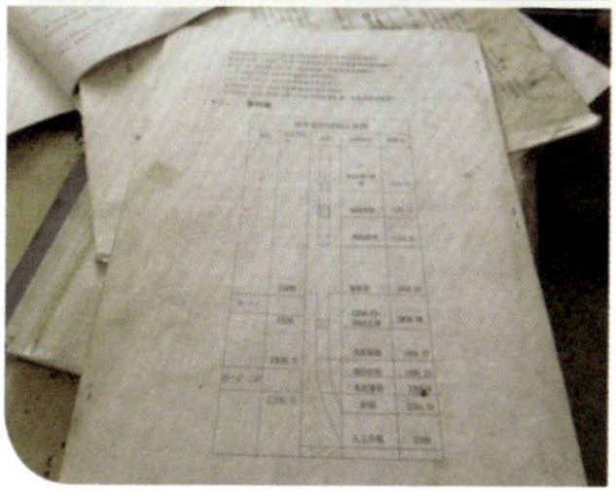

施工所用入井液性能、加重材料及其使用量和储备量符合设计要求。

《井控管理实施细则》中5.3.8.1

案例：某侧钻施工现场，承包商使用的泥浆比重实测为1.12~1.13，设计为1.15~1.25，与设计要求不符，存在井控风险。

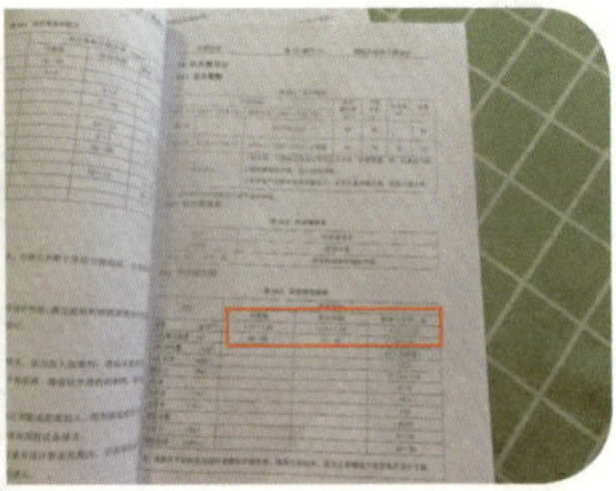

井下作业工艺设计应根据地质设计要求、相关井史资料，制定井控措施。

《井控管理实施细则》中3.2.4.1

案例：某井检管换封作业，地质、工艺设计中对灌液要求不一致。

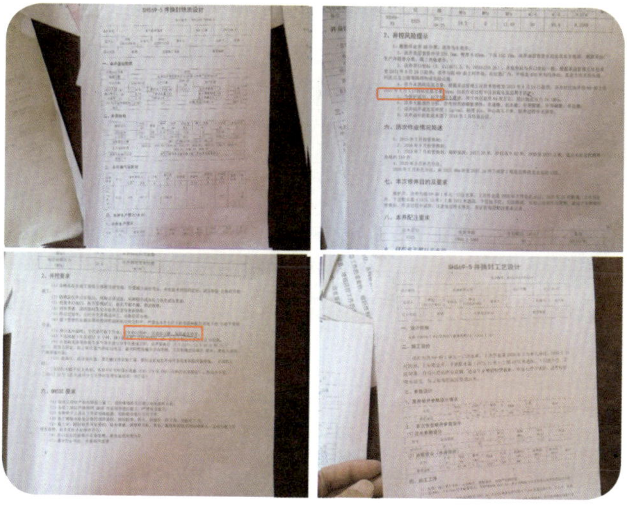

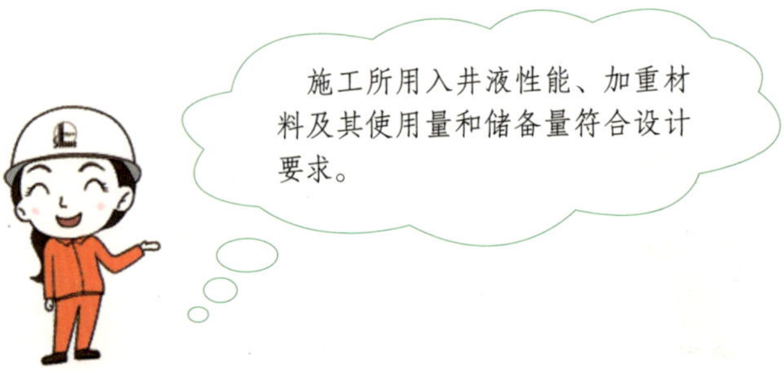

《井控管理实施细则》中5.3.8.1

案例： 某井打通道作业现场，承包商配置的泥浆密度现场实测为1.31，设计要求泥浆比重开窗段为1.15~1.2，不符合设计要求且未经相关部门变更审批。

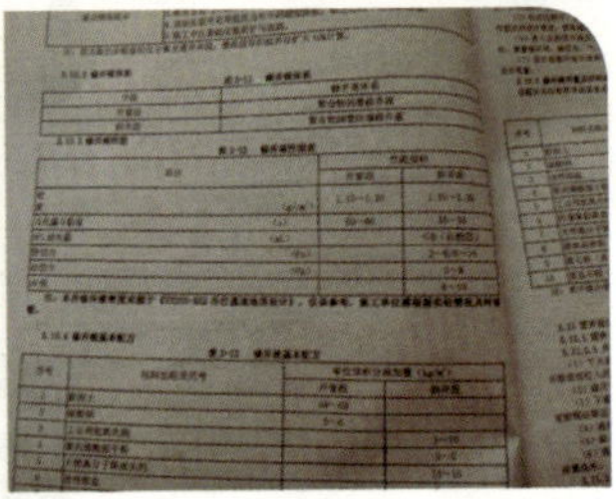

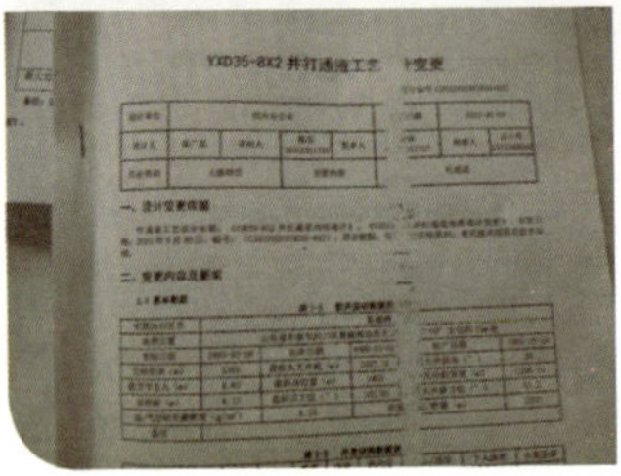

方钻杆或钻、磨、铣、捞等施工管（钻）柱单根下部应连接内防喷工具。

《井控管理实施细则》中5.3.8.4

案例： 某井小修作业现场，承包商在冲砂施工时将旋塞阀安装在油管上部，应急情况下不利于开关操作。

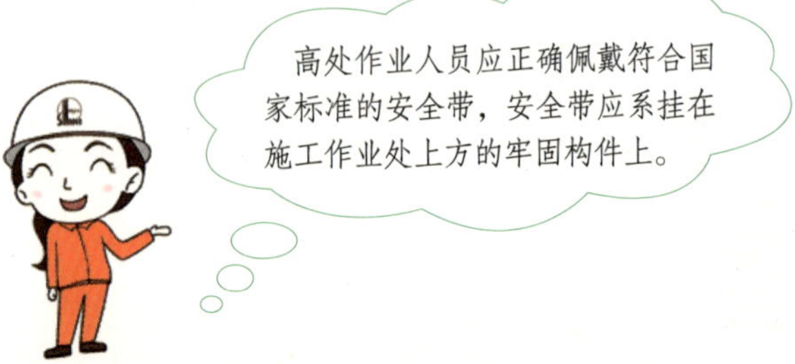

《中国石化高处作业安全管理规定》（中国石化安〔2016〕4号）中3.2.5

案例：某井大修作业现场，施工人员在二层平台施工时未系挂安全带。

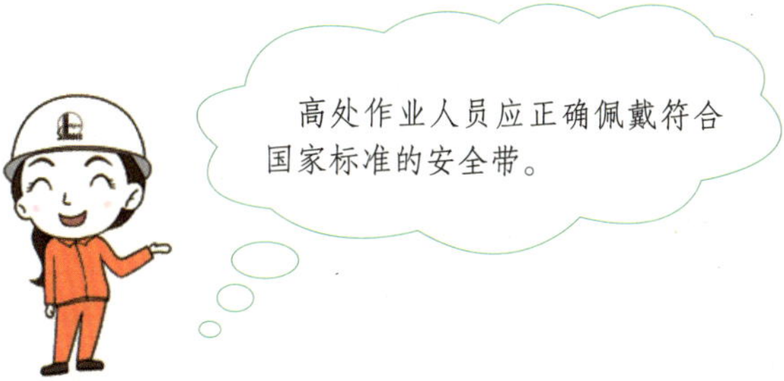

《中国石化高处作业安全管理规定》(中国石化安〔2016〕4号)中3.2.5

案例：某井作业搬迁现场，承包商大修队的施工人员多次登高作业未采取防护措施。

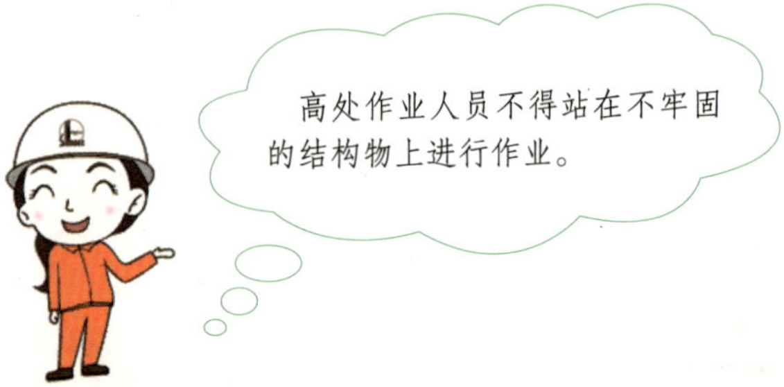

《中国石化高处作业安全管理规定》(中国石化安〔2016〕4号)中3.2.8

案例：某井作业施工现场，摆驴头作业时施工人员站在活动的驴头上施工，存在驴头与人员坠落风险。

1. 高处作业严禁上下投掷工具、材料和杂物等；

2. 高处作业人员应正确佩戴符合国家标准的安全带。

《中国石化高处作业安全管理规定》（中国石化安〔2016〕4号）中3.2.9

案例：某井侧钻搬家现场，承包商作业人员从钻台上向下抛掷卸扣且未系挂安全带，存在人员伤害风险。

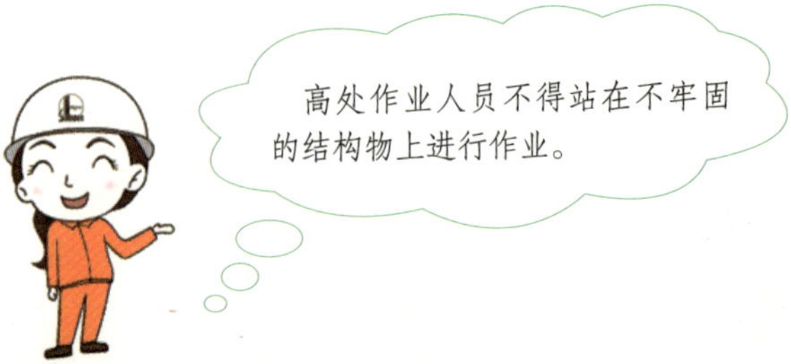

《中国石化高处作业安全管理规定》（中国石化安〔2016〕4号）中3.2.8

案例：某井作业现场，承包商作业队的泵工未采取防护措施，独自站在车厢边缘操作水泥泵，存在跌落风险。

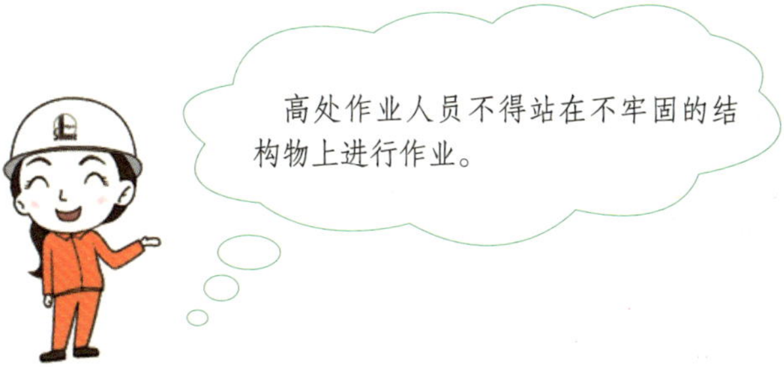

《中国石化高处作业安全管理规定》(中国石化安〔2016〕4号)中3.2.8

案例: 某井大修作业搬家现场，一名员工在搬家过程中站在车厢挡板边沿行走，存在高处坠落风险。

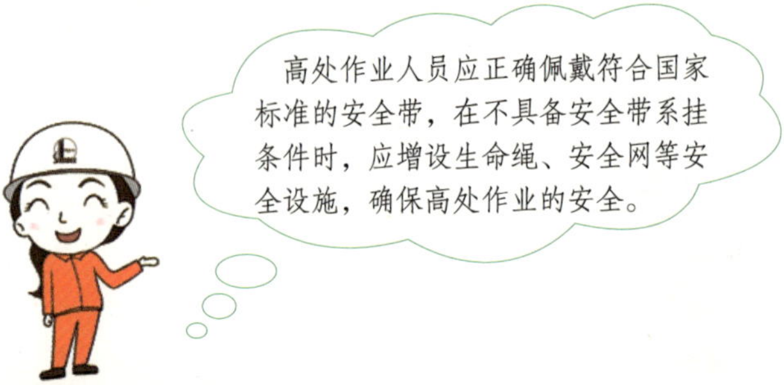

《中国石化高处作业安全管理规定》（中国石化安〔2016〕4号）中3.2.5

案例： 某井施工收尾作业现场，一名施工人员站在通井机滚筒护罩上固定大绳，高处作业未系安全带或采取防护措施。

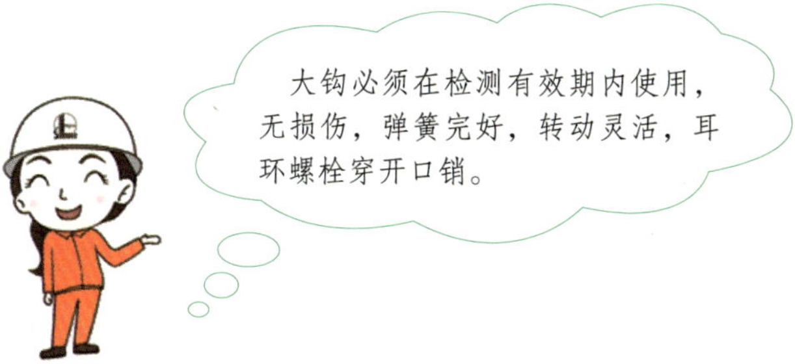

《油水井井下作业现场安全检查规范》(Q/SH 0095—2015)中6.2.1.3

案例： 某井打捞作业现场，承包商使用的游车大钩耳环螺栓无止退销。

有二层台时，逃生绷绳上端应固定在便于逃生处。

《油水井井下作业现场安全检查规范》(Q/SH 0095—2015)中6.1.4.5

案例：某井大修作业现场，逃生绷绳上端固定点距离二层平台过远，底部凌空不便取用。

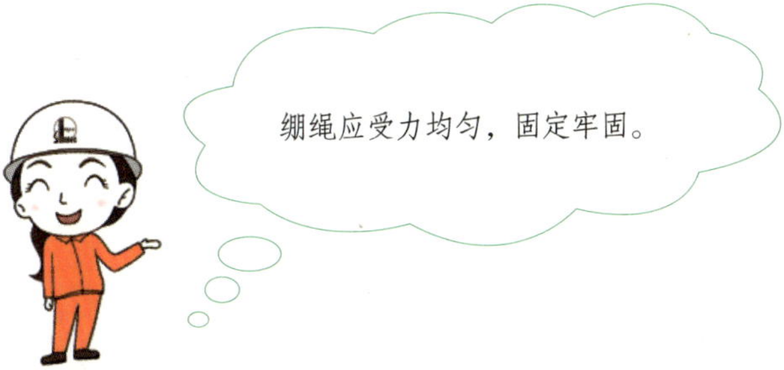

《油水井井下作业现场安全检查规范》(Q/SH 0095—2015)中6.1.4.3

案例： 某井小修作业现场，承包商吊装船型围堰时，在无防护措施的情况下解除井架右前绷绳，存在井架倾倒风险。

《油水井井下作业现场安全检查规范》（Q/SH 0095—2015）中6.1.3.1

案例： 某井搬迁施工现场，承包商使用的一个地锚螺旋锚片弯曲变形，直径小于250mm。

指重表保险绳套盘两圈，直径应小于1000mm。

《油水井井下作业现场安全检查规范》（Q/SH 0095—2015）中6.2.3.5

案例： 某井作业现场，承包商使用的修井机指重表保险绳仅盘一圈且直径大于1000mm。

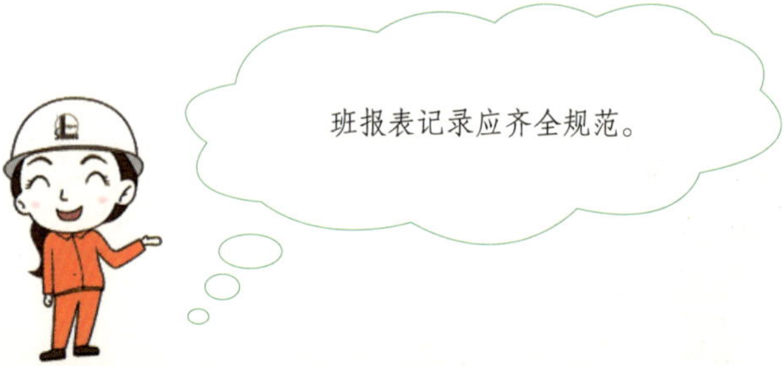

《油水井井下作业现场安全检查规范》(Q/SH 0095—2015)中8.1.2

案例： 某井作业现场，承包商在磨铣施工后，班报表未填写起管柱、停工关井等作业记录。

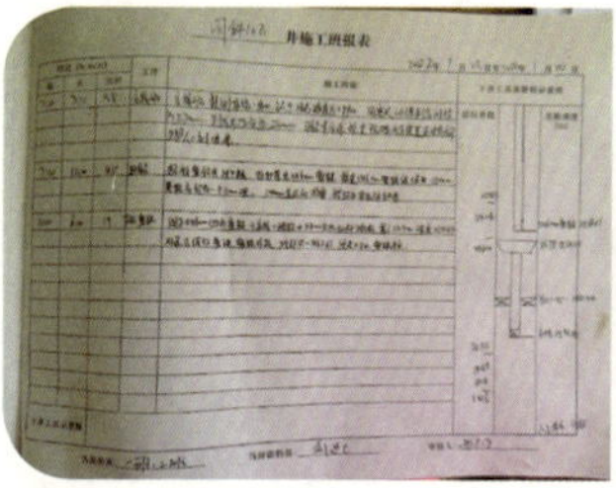

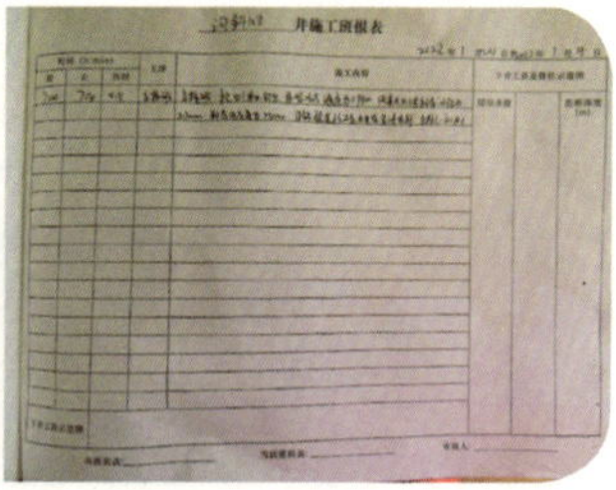

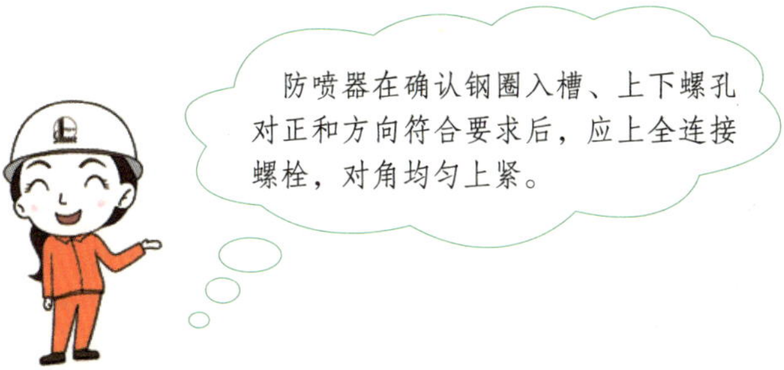

《井下作业现场井控技术管理规程》（Q/SH1020 2247—2019）中5.1.2.2

案例：某井小修作业现场，承包商安装的防喷器多条螺栓松动。

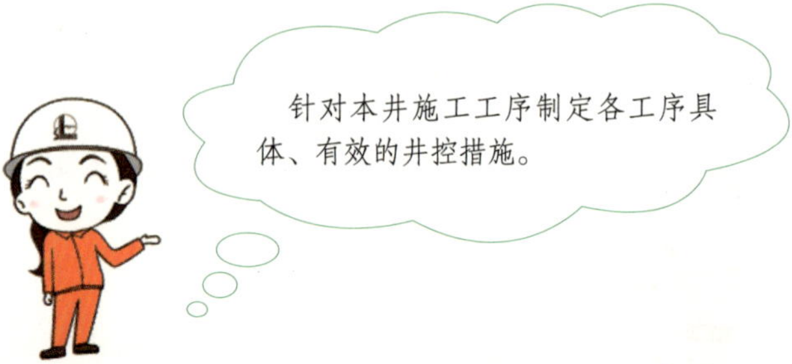

《井下作业现场井控技术管理规程》(Q/SH1020 2247—2019)中4.1.4.3

案例: 某井封井施工现场，施工设计模板化，井控措施栏对不涉及的起下抽油杆等作业工况关井压力进行了要求。

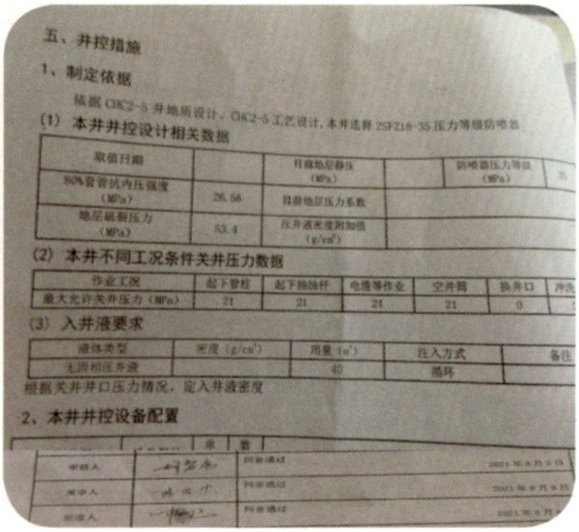

五、井控措施

1、制定依据

依据 CHC2-5 井地质设计、CHC2-5 工艺设计，本井选择 2SFZ18-35 压力等级防喷器

(1) 本井井控设计相关数据

取值related		目前地层静压(MPa)		防喷器压力等级(MPa)	[illegible]
80%套管抗内压强度(MPa)	26.56	目前地层压力系数			
地层破裂压力(MPa)	53.4	压井液密度附加值(g/cm^3)			

(2) 本井不同工况条件关井压力数据

作业工况	起下管柱	起下抽油杆	电缆等作业	空井筒	换井口	冲洗[illegible]
最大允许关井压力(MPa)	21	21	21	21	0	[illegible]

(3) 入井液要求

液体类型	密度(g/cm^3)	用量(m^3)	注入方式	备注
无固相压井液		40	循环	

根据关井井口压力情况，定入井液密度

2、本井井控设备配置

审核人	[signature]	同意通过	2021年8月9日
审定人	[signature]	同意通过	2021年8月9日
批准人	[signature]	同意通过	2021年8月[illegible]

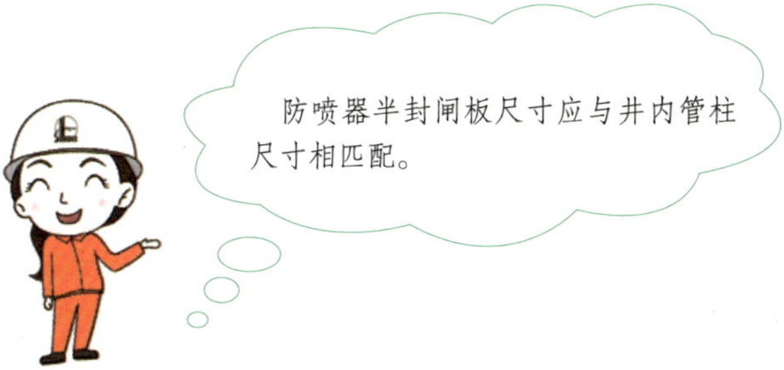

《井下作业现场井控技术管理规程》（Q/SH1020 2247—2019）中5.1.1.1

案例：某井提冲砂管柱施工现场，承包商维修通井机期间，未下入与防喷器闸板相匹配的短节，该井防喷器半封闸板为ϕ89mm，井内管柱为ϕ73mm，无法实现油套环空有效封闭。

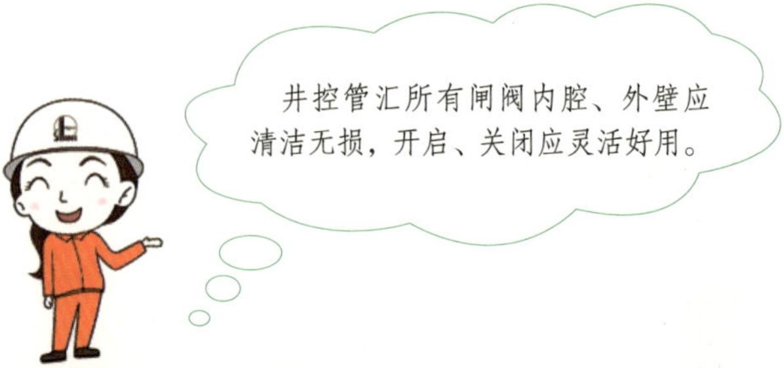

《井下作业现场井控技术管理规程》(Q/SH1020 2247—2019)中5.3.1.1

案例： 某井大修作业现场，井口连接节流管汇的闸阀无法开启，存在不能及时放喷风险。

1. 地层压力系数大于或等于 1.0 的作业井，选用液压防喷器（组合）；

2. 防喷器在确认钢圈入槽、上下螺孔对正和方向符合要求后，应上全连接螺栓，对角均匀上紧。

1.《井下作业现场井控技术管理规程》(Q/SH1020 2247—2019) 中 4.4.2.2.2

2.《井下作业现场井控技术管理规程》(Q/SH1020 2247—2019) 中 5.1.2.2

案例： 某井小修作业现场，工艺设计地层压力系数为 1.0，现场使用手动防喷器且多条螺栓未上紧。

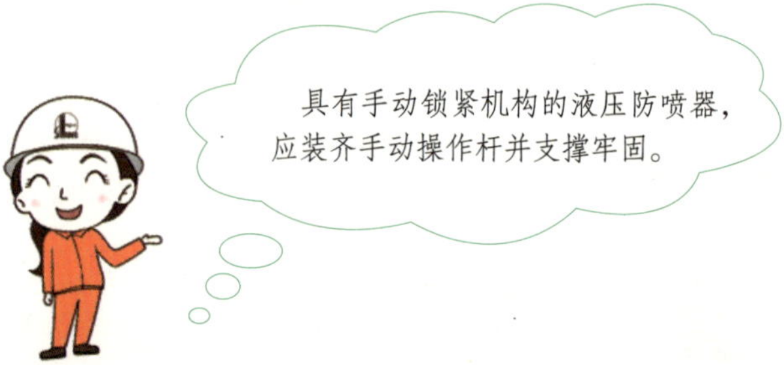

《井下作业现场井控技术管理规程》(Q/SH1020 2247—2019)中5.1.2.4

案例： 某井下打捞管柱施工现场，液压防喷器手动操作杆安装不到位，套筒与锁紧轴不能有效连接，无法正常实现手动锁紧。

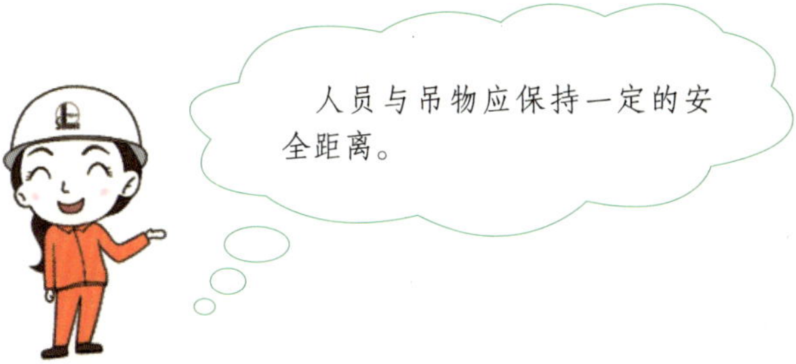

《中国石化起重作业安全管理规定》(中国石化安〔2016〕7号)中3.5.8

案例： 某井作业搬家现场，起重作业中2名操作人员进入吊物下方，存在物体打击风险。

1. 吊物上有人、浮置物时不得进行起重操作；

2. 在制动器、安装装置失灵、吊钩防松装置损坏等起重设备、设施处于非完好状态时，禁止起重操作。

1.《中国石化起重作业安全管理规定》（中国石化安〔2016〕7号）中3.4.2

2.《中国石化起重作业安全管理规定》（中国石化安〔2016〕7号）中3.4.4

案例：某井小修作业搬家现场，承包商施工人员在吊装过程中起吊物上有浮置物，用吊车斜拉灌液池，站在铁架上手扶吊物，且现场使用的吊车无限位器、防脱销失效。

吊物捆绑、吊挂不牢或不平衡可能造成滑动，不得进行起重操作。

《中国石化起重作业安全管理规定》(中国石化安〔2016〕7号)中3.4.5

案例：某井作业搬家现场，承包商吊装循环池时右侧吊索因长度不足挂在钩尖上，存在吊物脱落风险。

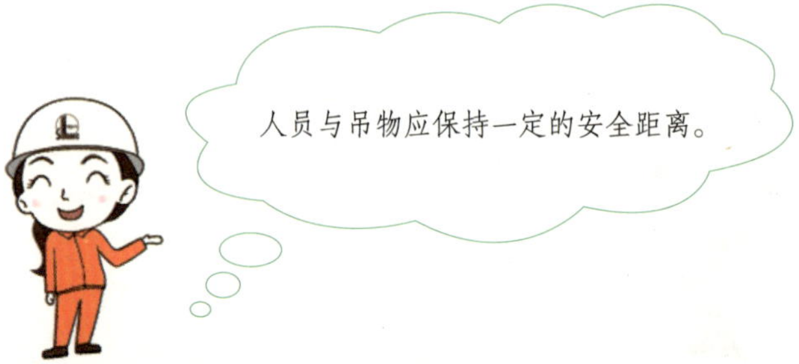

《中国石化起重作业安全管理规定》（中石化安〔2016〕7号）中3.5.8

案例： 某井小修作业现场，承包商在倒井口时吊物下站人，存在吊物坠落伤人风险。

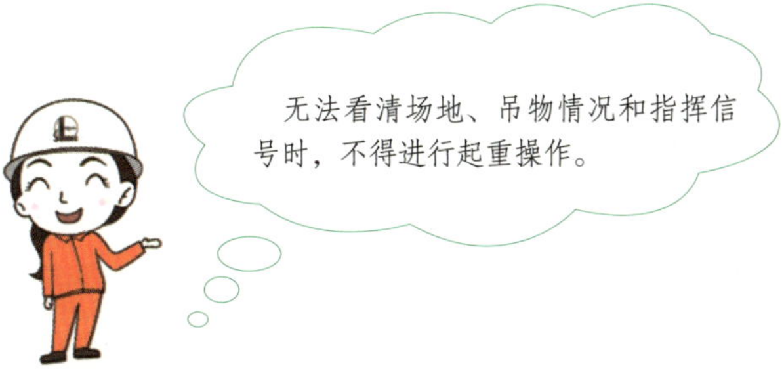

《中国石化起重作业安全管理规定》（中国石化安〔2016〕7号）中3.4.6

案例： 某井搬家现场，作业队在现场照明不足的情况下进行起重作业。

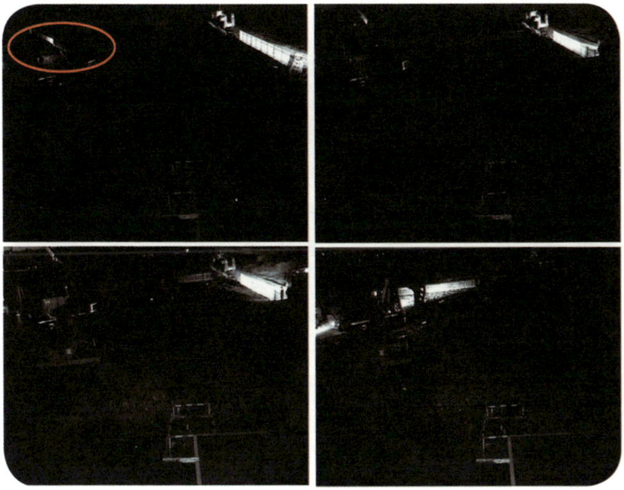

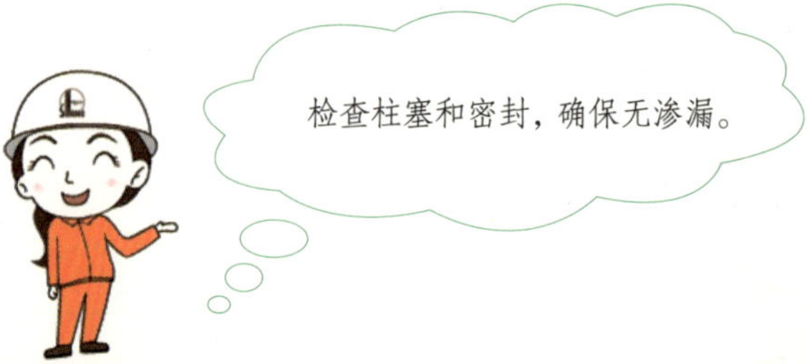

《700型及以下水泥车使用规范》(Q/SH1020 2001—2020) 中3.2.6.5

案例： 某井洗井作业现场，承包商作业队水泥车泵头压盖处刺漏。

安全阀、压力表、高压管汇定期检验（有检验资质的单位），且有检验报告和标签，检验合格方可继续使用。

《700型及以下水泥车使用规范》(Q/SH1020 2001—2020)中3.2.6.10

案例：某井小修作业现场，泵车高压管汇未经检验即投入使用。

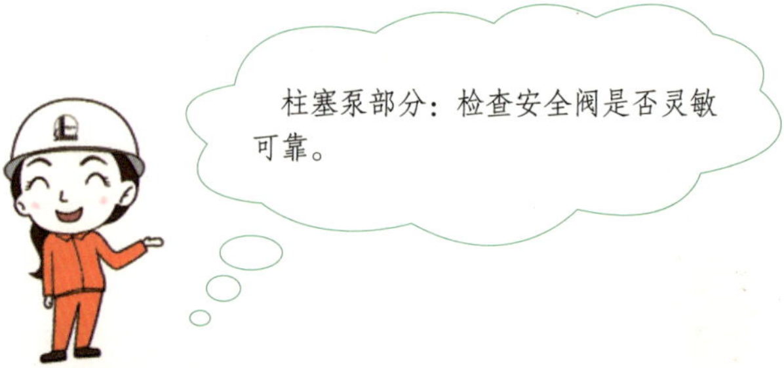

《700型及以下水泥车使用规范》(Q/SH1020 2001—2020)中7.2.2.4

案例： 某井洗井施工现场，承包商使用的400型水泥车柱塞泵出口未安装安全阀。

安全阀、压力表、高压管汇定期检验（有检验资质的单位），且有检验报告和标签，检验合格方可继续使用。

《700型及以下水泥车使用规范》（Q/SH1020 2001—2020）中3.2.6.10

案例： 某井作业现场，承包商使用的水泥车安全阀未检验。

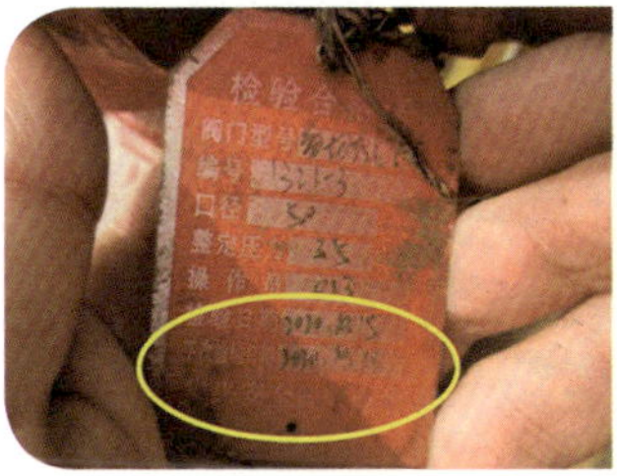

检查高压管汇的连接是否可靠、保险绳是否悬挂。

《700型及以下水泥车使用规范》(Q/SH1020 2001—2020)中6.2.1.10

案例： 某井反洗井施工现场，洗井管线抖动剧烈，活动弯头连接处未拴保险绳固定。

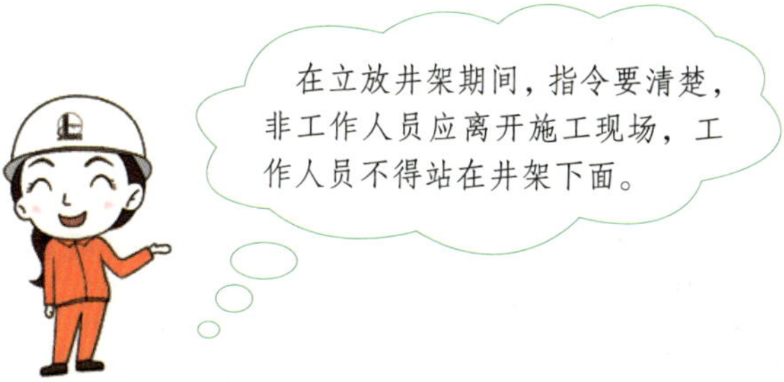

《立放运井架车操作规程》（Q/SH1020 2024—2020）中8.6

案例：某井作业施工现场，承包商作业队在下放井架过程中，有一名操作人员站在井架正下方。

1. 起升至与水平地面70°左右时停止起升；挂好地锚绷绳、张紧螺栓，按规定卡紧绳卡；

2. 起升扒杆接近90°时，检查并调整井架后四道绷绳至合适长度，钢丝绳紧固按标准卡牢，四个绳卡方向一致。

1.《立放运井架车操作规程》(Q/SH1020 2024—2020)中6.4

2.《立放运井架车操作规程》(Q/SH1020 2024—2020)中6.6

案例： 某井立井架施工现场，承包商作业队在井架左后道绷绳只挂一道且钢丝绳仅用一根绳卡卡固的情况下，将井架从与水平地面70°左右起升至超过90°位置。

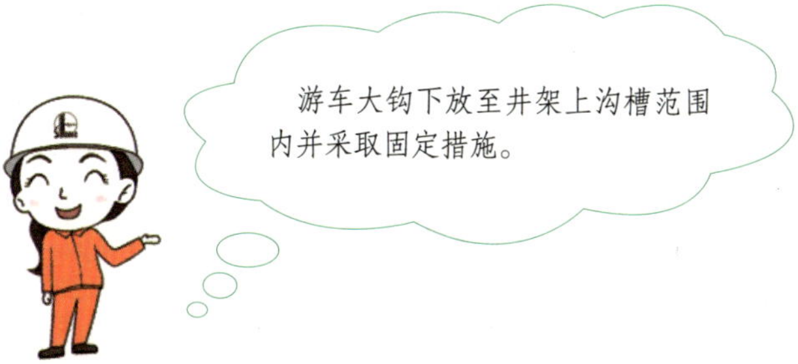

《立放运井架车操作规程》(Q/SH1020 2024—2020)中7.1.4

案例： 某井作业搬家现场，承包商未将游动大钩卡入井架沟槽即实施搬迁运输。

1. 逃起升至与地面水平 70° 左右时停止起升；挂好地锚绷绳张紧螺栓，按规定卡紧绳卡；

2. 起升扒杆接近 90° 时，检查并调整井架后四道绷绳至合适长度，钢丝绳紧固按标准卡牢，四个绳卡方向一致。

1.《立放运井架车操作规程》(Q/SH1020 2024—2020)中6.4

2.《立放运井架车操作规程》(Q/SH1020 2024—2020)中6.6

案例： 某井立井架施工现场，承包商在井架立起后3小时未挂井架绷绳。

每工作480~600h进行一次二级技术保养，除执行一保的全部项目外，增加以下工作内容：发动机部分、液压部分、底盘部分、井架及钻台、绞车及传动部分、油气路及其他部分。

《修井机使用规范》(Q/SH1020 2000—2020)中7.3

案例： 某井作业现场，承包商在进行修井机二级技术保养时，仅开展更换滤油器等保养项目，未涵盖液压部分、底盘部分、井架及钻台等项目。

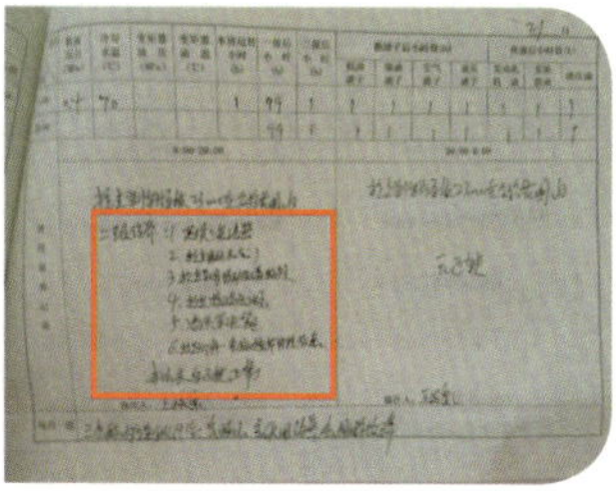

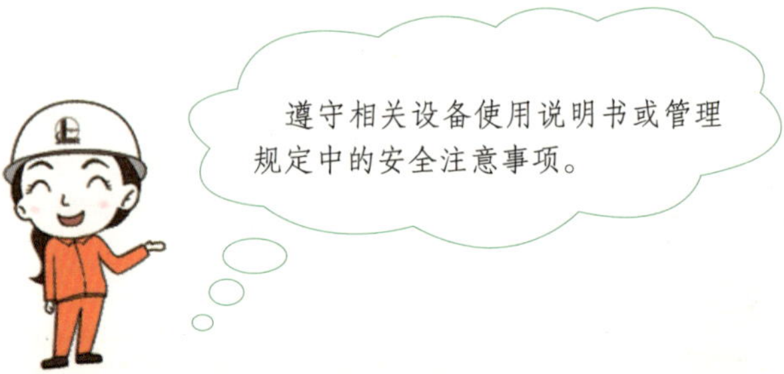

《修井机使用规范》(Q/SH1020 2000—2020)中 8.10

案例：某井作业现场，承包商作业队使用的修井机底盘平衡报警系统失效。

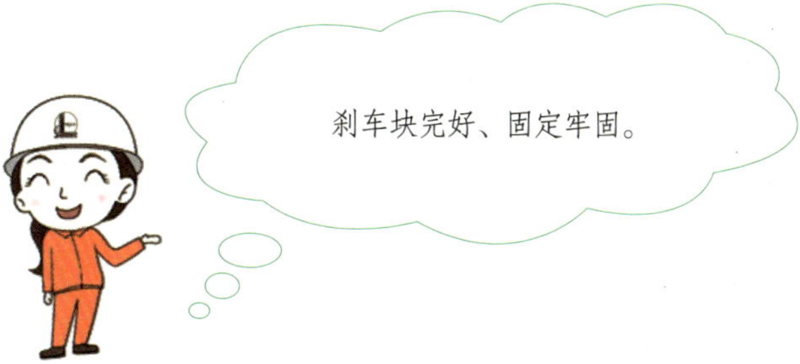

《修井机使用规范》（Q/SH1020 2000—2020）中3.4.3

案例： 某井小修作业现场，承包商使用的修井机左侧刹车带有3片刹车块存在明显裂纹。

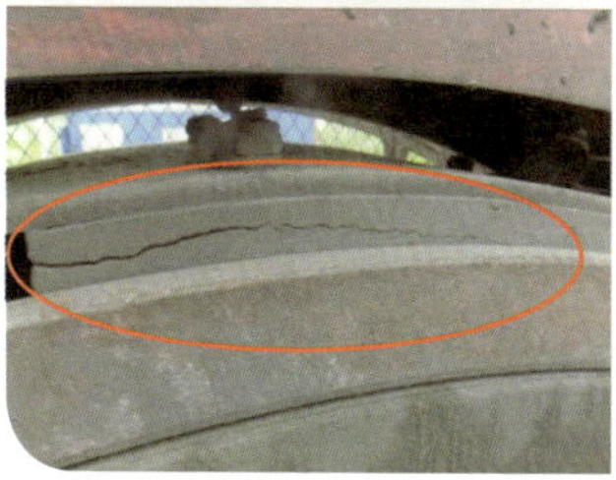

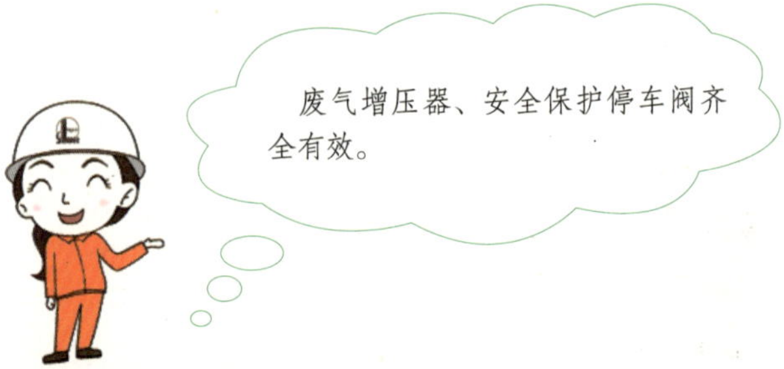

《修井机使用规范》(Q/SH1020 2000—2020)中 3.1.12

案例：某井小修作业现场，修井机车载发动机安全保护停车阀失效。

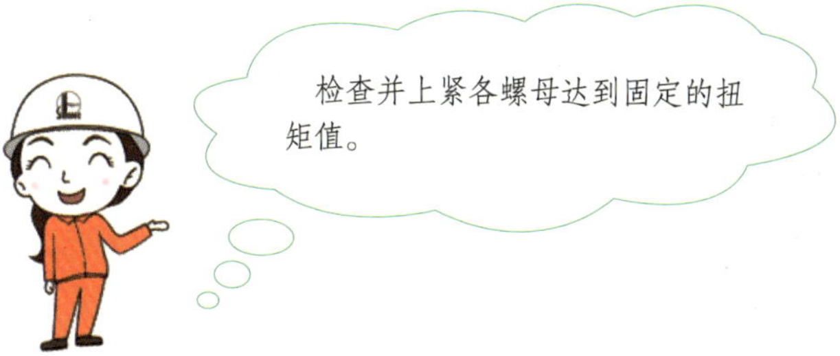

《石油天然气工业用钢丝绳的选用和维护的推荐作法》（SY/T 6666—2017）3.6.5

案例： 某井小修作业现场，井架底座保险绳的绳卡螺母缺失。

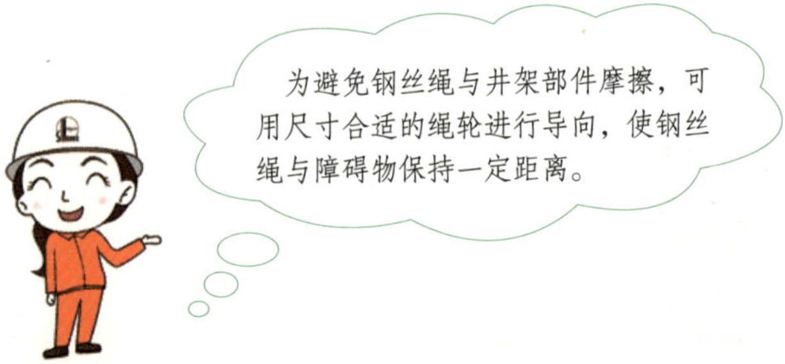

《石油天然气工业用钢丝绳的选用和维护的推荐作法》(SY/T 6666—2017)中3.2.3

案例： 某井小修作业现场，承包商使用的液压钳吊绳担在井架横担上。

出现摩擦、挤压、波浪状或永久变形的现象应更换。

《石油天然气工业用钢丝绳的选用和维护的推荐作法》（SY/T 6666—2017）中7.2.7

案例： 某井小修作业现场，承包商使用的液压钳吊绳有一处挤压变形、破股。

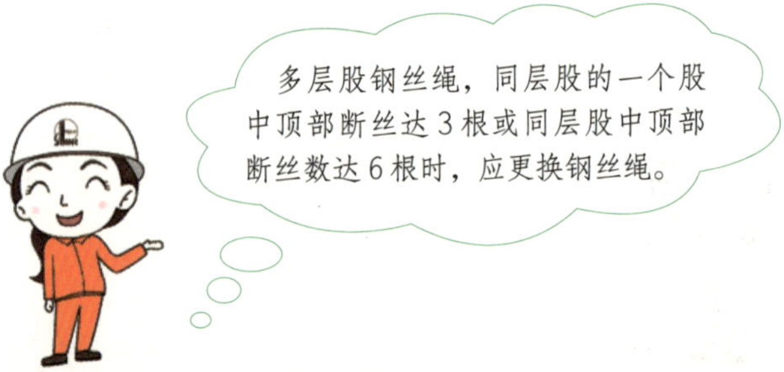

《石油天然气工业用钢丝绳的选用和维护的推荐作法》（SY/T 6666—2017）中7.2.3

案例： 某井补层射孔作业现场，承包商使用的液压钳尾绳的1股钢丝绳中有4根断丝。

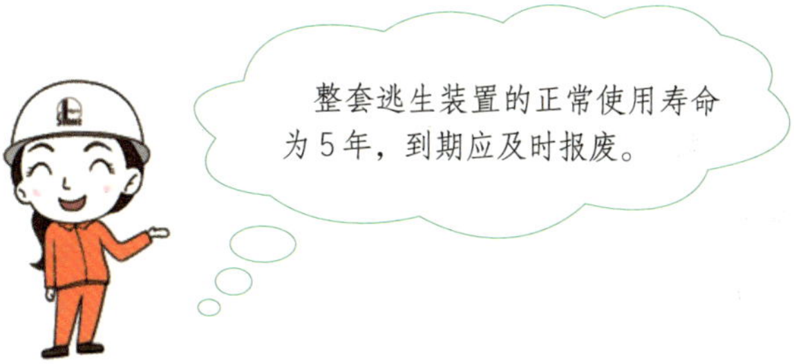

《钻（修）井井架逃生装置安全规范》（SY/T 7028—2016）中11.2

案例： 某侧钻井起钻施工现场，二层平台逃生装置出厂日期为2015年，已经超期2年使用，未按要求及时报废。

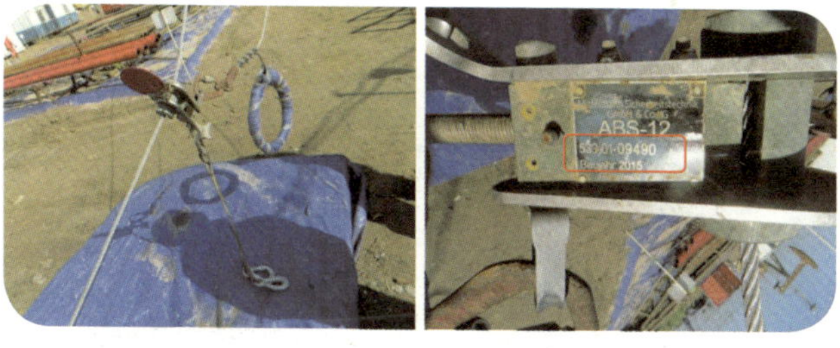

1. 每套逃生装置应有供应商出具的产品检验合格证、使用说明书、零部件配置清单等；

2. 检查导向绳与地锚处的连接固定情况。

1.《钻（修）井井架逃生装置安全规范》（SY/T 7028—2016）中5.1

2.《钻（修）井井架逃生装置安全规范》（SY/T 7028—2016）中8.2

案例： 某井大修换套施工现场，承包商使用的逃生滑索无合格证，底部绳套使用开口挂钩连接存在紧急情况时脱开失效风险。

两个手动控制器应始终分别处在二层操作平台和地锚处，每次使用完毕，应把下部手动控制器的防锁警示牌卡在滑动体和制动块之间，防止有人随意关紧下部手动制动器，致逃生人员不能下滑，上部手动控制器的防锁警示牌应在取下状态，以确保上部手动控制器处在备用状态。

《钻（修）井井架逃生装置安全规范》（SY 7028—2016）中9.6

案例： 某侧钻施工现场，承包商使用的井架逃生装置下部手动控制器的防锁警示牌卡在钢丝绳上，逃生装置无法正常使用。

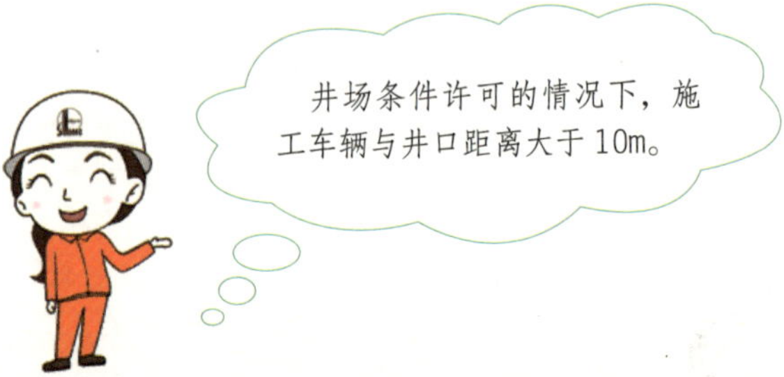

《压裂施工地面流程安装技术要求》(Q/SH1020 0133—2020)中3.2.1

案例： 某井压裂施工现场，混砂车距离井口仅5m，存在井口刺漏伤人风险。

井口装置必须用4道钢丝绳通过小四通缠绕固定在4个地锚上，地锚旋入深度不少于1900mm。

《压裂施工地面流程安装技术要求》（Q/SH1020 0133—2020）中6.3

案例：某压裂放喷现场，承包商压裂队使用的地锚长度为2m，压裂施工固定井口地锚在地面以上外露0.5m，埋入深度不足。

地锚采用叶片厚6mm、宽125mm，圈数不少于三圈、长2000mm的麻花钻，地锚旋入深度不少于1900mm。

《压裂施工地面流程安装技术要求》（Q/SH 1020 0133—2020）中6.3

案例： 某井下压裂管作业现场，承包商使用的固定压裂井口的地锚长度为1.865m、叶片厚度为3.69mm。

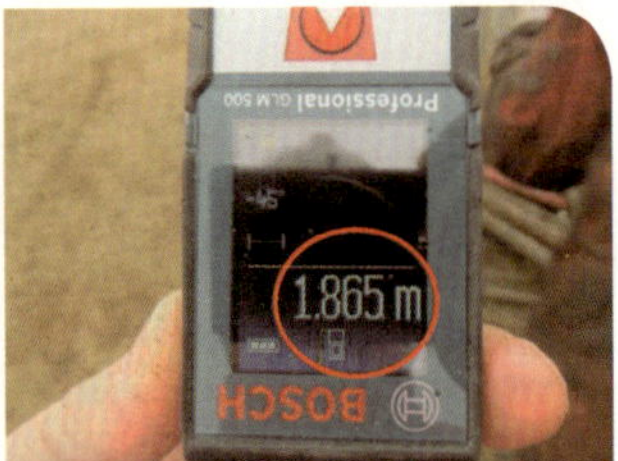

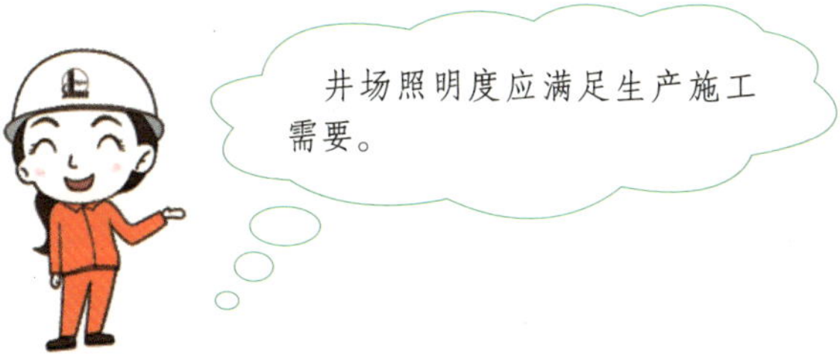

《油水井小修作业安全管理规定》（Q/SH 0458—2012）中4.2.6

案例： 某井夜间作业现场，一名员工在无照明设施的情况下独自在循环池内进行清砂作业。

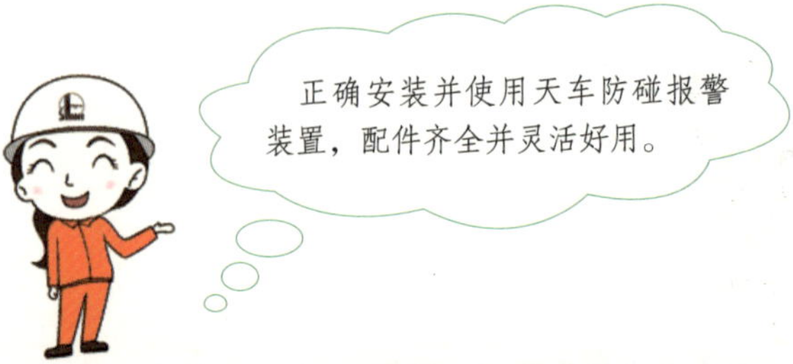

《油水井小修作业安全管理规定》（Q/SH1020 0497—2010）中4.3.4

案例： 某井小修作业现场，修井机天车防碰装置未安装报警器。

起下光杆应拆下井口，将防喷盒、悬绳器等放置光杆底端，不应用手抓光杆。

《油水井小修作业安全管理规定》(Q/SH 0458—2012)中5.3.4

案例：某井小修作业现场，下碰脱节器和拆卸悬绳器过程中，操作人员多次手抓光杆。

汽车起重机司机应遵守下列规定：当重物处于悬挂状态时，不得离开操作岗位。

《汽车起重机起重作业安全规程》(Q/SH1020 2066—2010)中6.3.6

案例： 某井下连续油管施工现场，吊车司机施工期间离开操作岗位。

汽车起重机司机操作汽车起重机时，不允许从事分散注意力的其他操作和事情。

《汽车起重机起重作业安全规程》(Q/SH1020 2066—2010)中6.3.5

案例：某井作业搬家现场，汽车起重机司机代替司索站在操控台上摘绳套，存在应急情况下无法处置及人身伤害风险。

汽车起重机就位时，应将支撑起重机支腿的地面垫实垫平，将支腿垫板垫好，尽量将支腿全部伸出，支平汽车起重机，防止作业中地基沉陷、支承不稳。

《汽车起重机起重作业安全规程》(Q/SH1020 2066—2010) 中 7.2.5.2

案例： 某井吊装注入头施工，承包商使用的吊车左前支腿基础不平，存在倾覆风险。

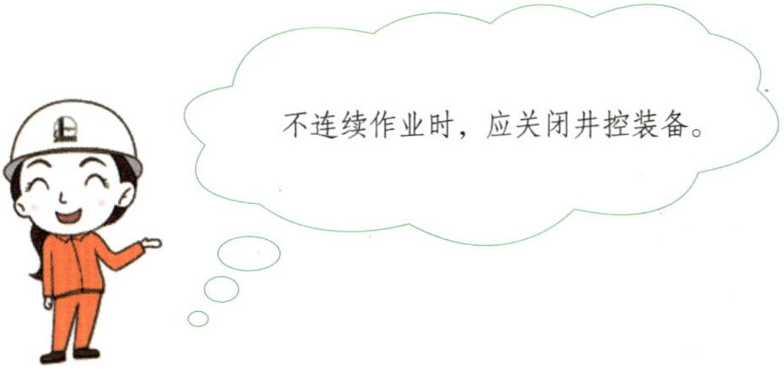

《胜利油田分公司井控管理实施细则》（胜油公司发〔2016〕39号）中5.2.6

案例：某井下完井管作业现场，承包商停工关井时旋塞阀未上紧，未能有效关井，存在井控风险。

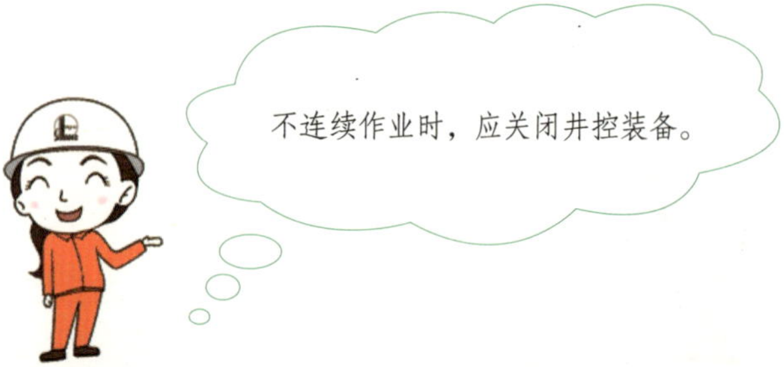

《胜利油田分公司井控管理实施细则》(胜油公司发〔2016〕39号)中5.2.6

案例：某井大修施工现场，承包商停工期间旋塞阀未上紧，井口有刺漏，存在井控风险。

不连续作业时，应关闭井控装备。

《胜利油田分公司井控管理实施细则》（胜油公司发〔2016〕39号）中5.2.6

案例： 某作业现场，承包商下油管停工期间未安装旋塞阀，存在井控风险。

井控装置安装后应进行试压，同时采集试压自动记录曲线。

《井下作业井控装置配套、安装及检查验收》（Q/SH1020 2179—2018）中3.4.1

案例：某井作业现场，防喷器无试压曲线记录。

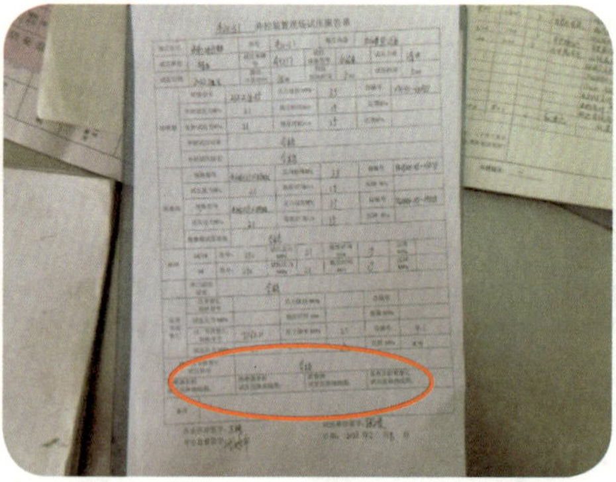

防喷器控制装置的安装应符合以下要求：蓄能器完好且压力为18.5~21.0MPa。

《井下作业井控装置配套、安装及检查验收》(Q/SH1020 2179—2018)中3.3.2

案例：某井试井施工现场，液压防喷器的旁通阀门损坏，导致蓄能器和汇流管压力为零且无法保压，远程关井功能失效，存在井控风险。

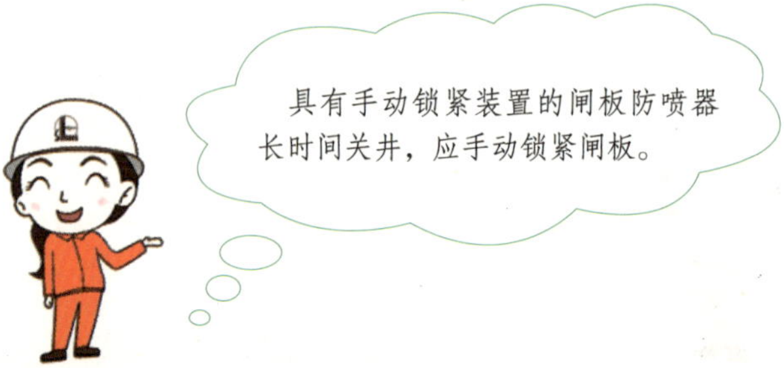

《井下作业井控装置配套、安装及检查验收》(Q/SH1020 2179—2018)中3.5.2

案例： 某井带压作业施工现场，承包商停工期间防喷器液控压力落零，且未采取手动锁紧措施，井内压力为5MPa，存在井控风险。

抽油机操作施工前，应检查调整刹车，确保刹车灵活好用。

《游梁式抽油机井地面操作与维护规程》(Q/SH 1020 1400—2012)中3.8

案例：某井小修作业现场，承包商作业队在抽油机卸负荷过程中未拉紧刹车。

抽油机操作施工前，应检查调整刹车，确保刹车灵活好用；刹死刹车后在抽油机上操作时，应有专人看护刹车或有可靠的防护装置，并确认装置有效。

《游梁式抽油机井地面操作与维护规程》（Q/SH 1020 1400—2012）中3.8

案例： 某井作业现场，监护人员在抽油机未刹车情况下探入平衡块防护罩内系挂钢丝绳。

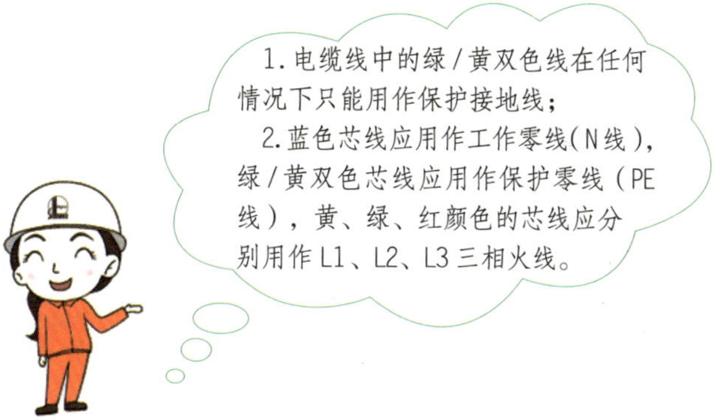

1.《用电安全导则》（GB/T 13869—2017）中5.1.2

2.《井下作业安全规程》（SY/T 5727—2020）中3.19.1.2

案例： 某井下通井管作业现场，一级配电箱中的相线颜色均为黑色，零线使用绿/黄双色线。

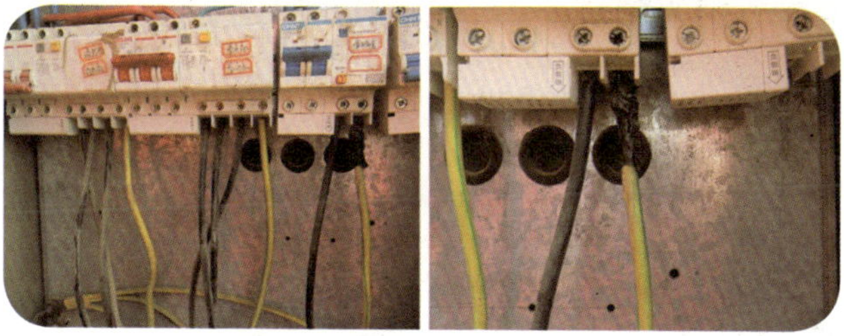

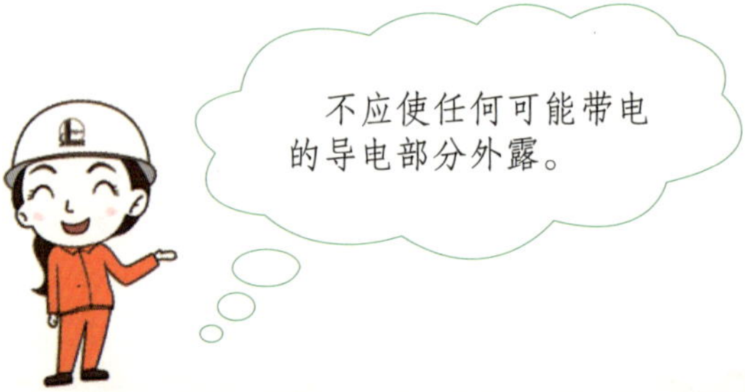

《用电安全导则》(GB/T 13869—2017)中第6条

案例：某井侧钻施工现场，承包商侧钻队使用的泥浆泵管线伴热带电源接线处接触不良，存在打火及带电导体裸露情况。

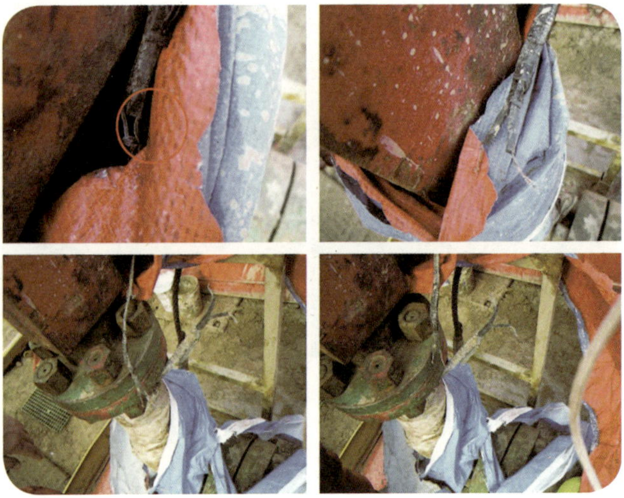

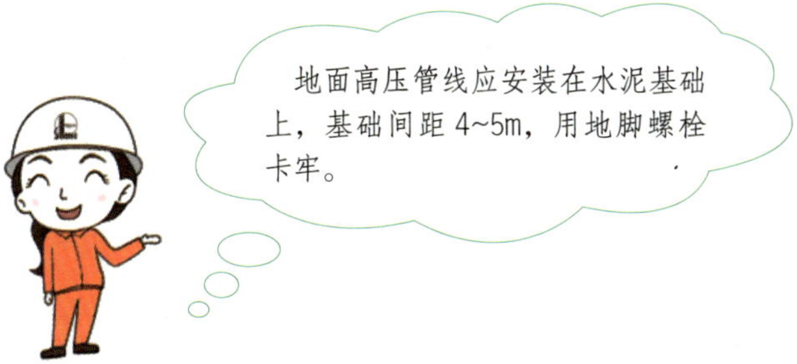

《钻井井场、设备、作业安全技术规程》(SY/T 5974—2014)中5.7.2.2

案例： 某大修作业现场，泥浆泵出口高压管线未使用水泥基础固定。

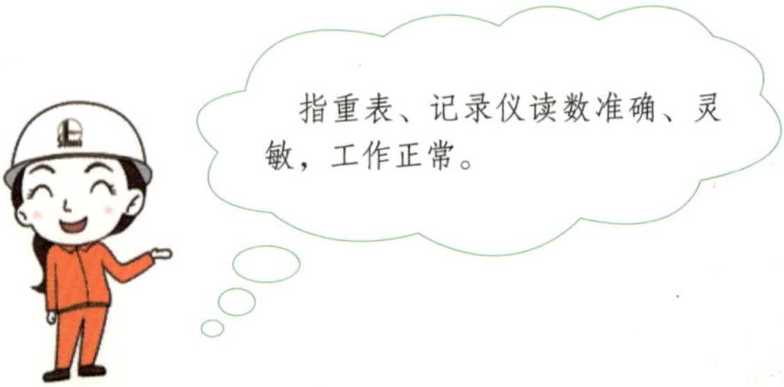

《钻井井场、设备、作业安全技术规程》(SY/T 5974—2014)中5.4.8.4

案例： 某井侧钻作业现场，承包商侧钻队钻进时，指重记录仪损坏无法工作。

安全阀的进出口管道一般不允许设置截断阀，必须设置截断阀时，需要加铅封，并且保证锁定在全开状态。

《安全阀安全技术监察规程》（TSG ZF001—2006）中附件B

案例： 某井钻水泥塞作业现场，承包商使用的蓄能修井机氮气瓶安全阀前端的截断阀开关位置受限，无法实现全开。

1. 安全阀定期校验，一般每年至少一次；

2. 安全工器具使用前的外观检查应包括绝缘部分有无裂纹、老化、严重伤痕等现象。

1.《安全阀安全技术监察规程》(TSG ZF001—2006)中B6.3.1

2.《油田企业电力安全工作规程 第3部分：低压电气》(Q/SH 0523.3—2015)中16.2.5

案例： 某调剖作业现场，承包商使用的柱塞泵安全阀超期未检，现场放置的绝缘手套均超期未检且老化破损。

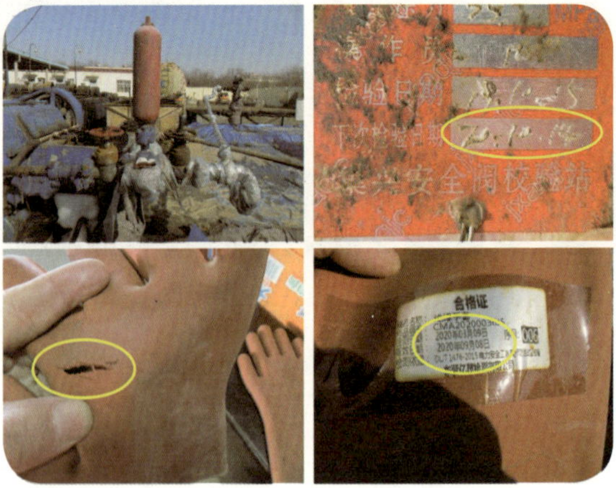

现场准备防酸用品以及处理紧急事件所需物品，包括正压式空气呼吸器、防酸服、防酸眼镜、防酸手套、水桶、毛巾、足量的苏打水以及清水。

《油、水井常规酸化施工作业规程》(Q/SH1020 0141—2017)中7.3.2

案例： 某井酸化施工现场，承包商作业人员施工过程中未准备防酸眼镜、胶皮手套等防护用品。

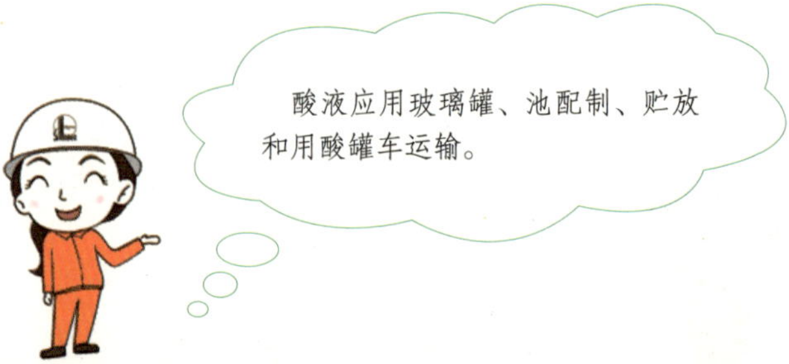

《油、水井常规酸化施工作业规程》(Q/SH1020 0141—2017)中3.3.2

案例： 某酸化施工作业现场，承包商使用360L药剂桶作为酸化液缓冲池。

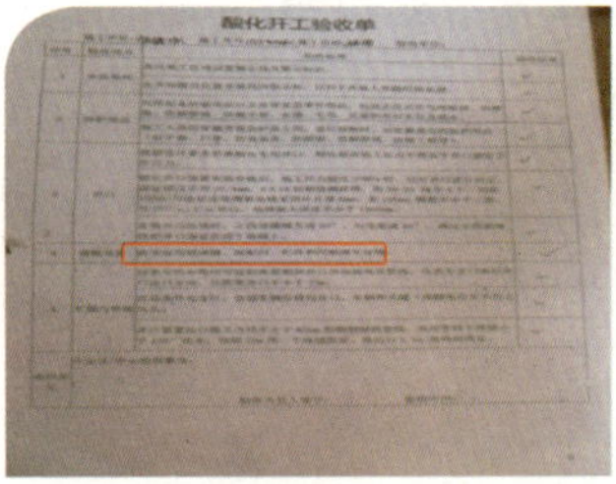

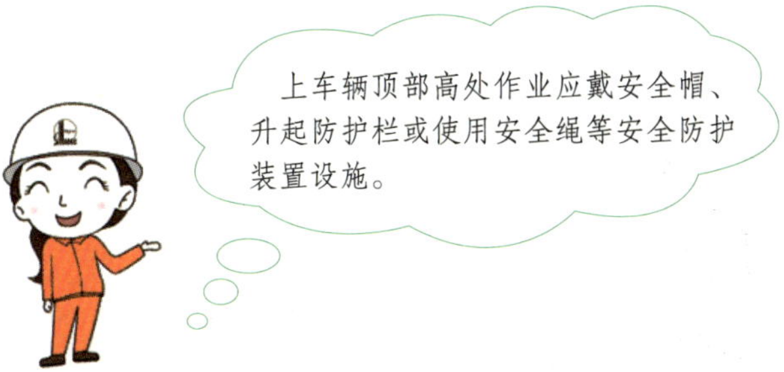

《汽车运输、装卸危险货物安全规程》（Q/SH1020 2064—2020）中8.1.2.8

案例：某井洗井作业现场，回收废液时，作业人员长时间在回收车辆罐顶边缘，未采取防坠落措施。

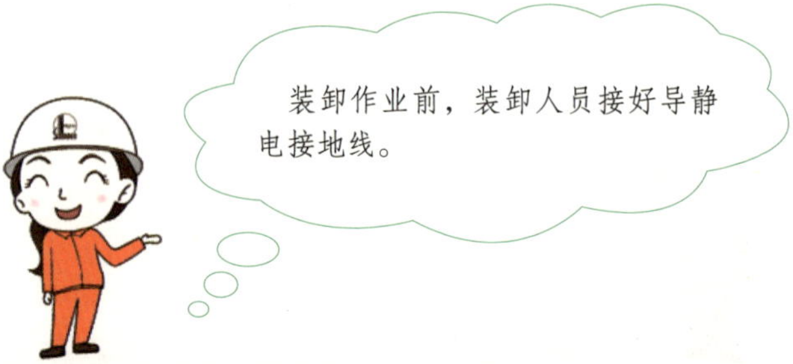

《汽车运输、装卸危险货物安全规程》(Q/SH1020 2064—2020)中8.1.2.7

案例： 某井侧钻现场，承包商卸柴油过程中罐车未接导静电接地线。

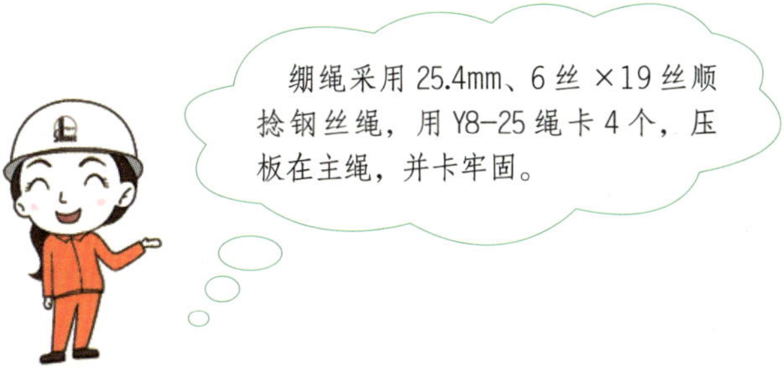

《压驱施工现场管理规范（试行）》（胜油工程中心工单〔2020〕8号）中4.3.2.2

案例： 某井压驱现场，固定井口的绷绳有2个绳卡未卡紧。

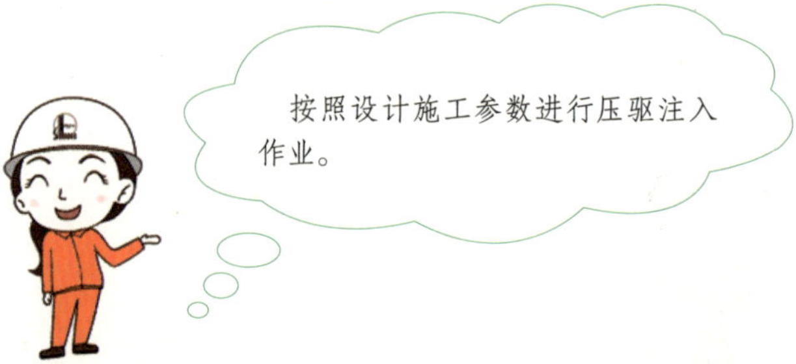

《压驱施工现场管理规范(试行)》(胜油工程中心工单〔2020〕8号)中5.4.1

案例: 某压驱施工现场，施工设计的施工压力限值、预计注入压力值与工艺设计均不一致，施工设计未执行工艺设计要求。

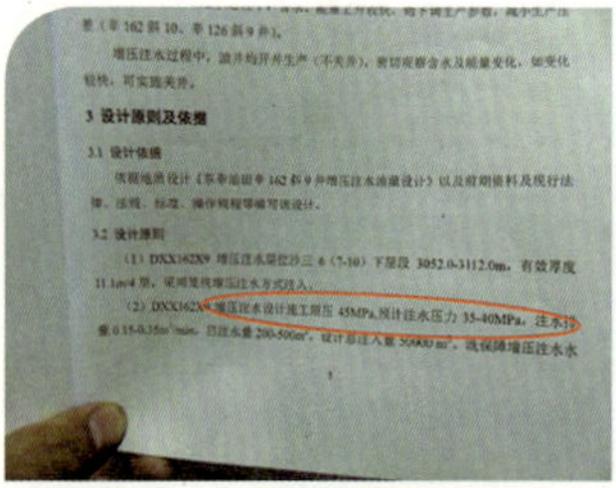
3 设计原则及依据

3.1 设计依据

3.2 设计原则

(2) DXX162X9 增压注水设计施工限压 45MPa,预计注水压力 35-40MPa

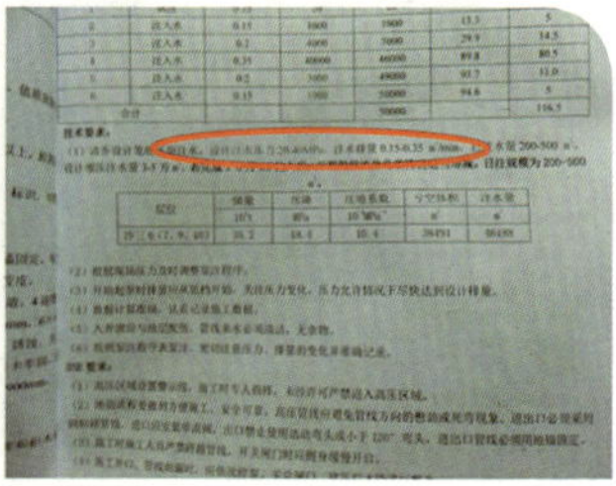

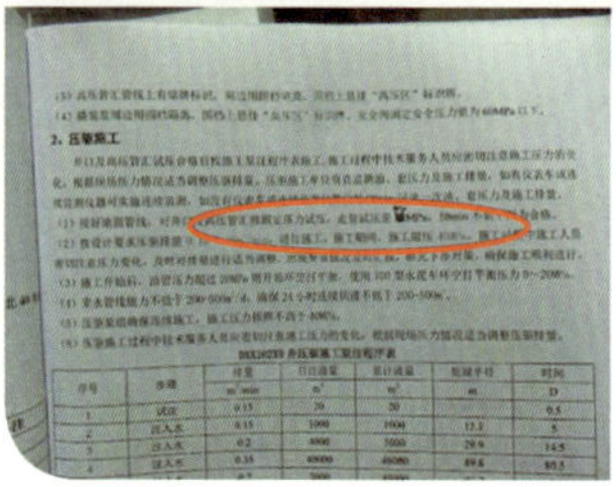

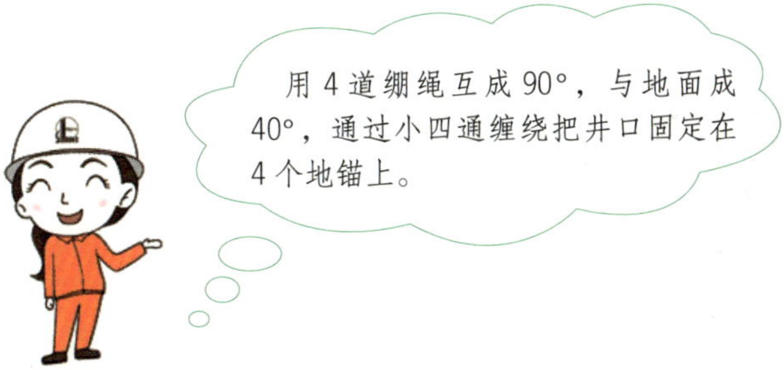

《压驱施工现场管理规范》中4.3.2.1

案例： 某井压驱作业现场，固定井口的4道绷绳没有互成90°且与地面的夹角小于40°。

压驱井套管安装压力远传装置，随时监测套压变化。

《压驱施工现场管理规范》中5.5.1

案例：某井压驱施工现场，远程监控系统中套压显示为6.2MPa，现场实际压力14.86MPa，数据差距较大，无法及时监测套压变化。

防喷器内腔、闸板芯子、清洁槽、钢圈槽、法兰面、外体及闸板轴应保持清洁、完好。

《井下作业井控技术规程》(SY/T 6690—2016)中 5.4.2

案例：某井小修作业现场，承包商使用的防喷器全封密封不严。

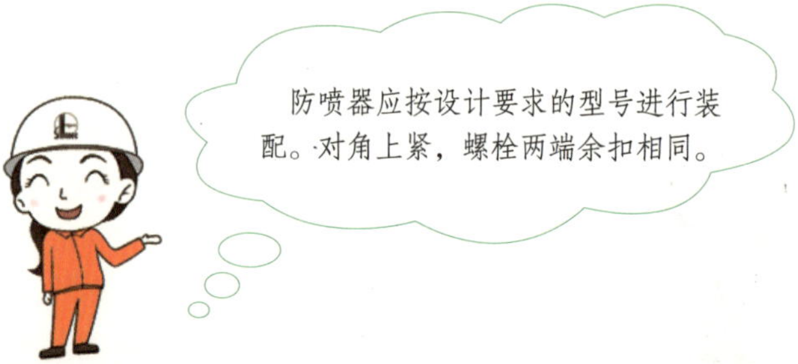

《井下作业井控技术规程》（SY/T 6690—2016）中 5.1.1.3

案例： 某井压裂后冲砂施工现场，防喷器多条螺栓未上满扣。

吊环的挂合部位尺寸负荷应符合*DH*型单臂吊环磨损降级、判废条件*DH*50 40mm负荷能力为50t，36.5mm负荷能力为30t，33mm判废。

《石油钻、修井用吊具安全技术检验规范》(SY/T 6605—2011)中6.2.3

案例：某井下压裂管作业现场，承包商作业队使用的编号为XDA-06的一副*DH*50型吊环挂合部位尺寸分别为35.02mm和36.83mm，不能满足施工最大负荷40.8t的要求。

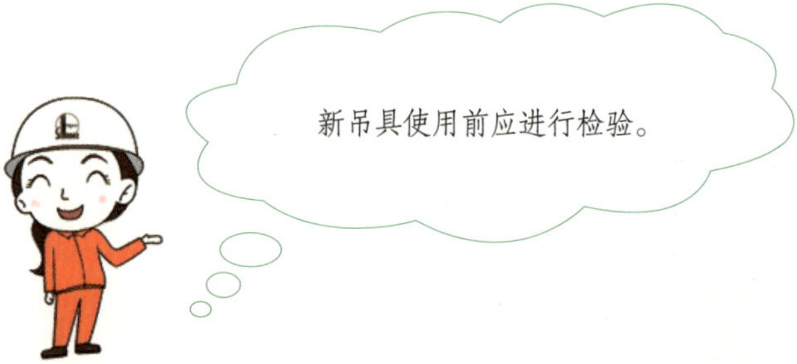

《石油钻、修井用吊具安全技术检验规范》(SY/T 6605—2018)中6.2

案例： 某井小修作业现场，承包商新购买的修井机游车大钩使用前未进行检验。

1. 安全防护要求根据作业井施工内容和工序安排，分析可能存在的风险类别、安全风险，有针对性地制定防护对策、措施；

2. 井口准备：采油（气）树用4道绷绳对角加固。

1.《井下作业施工设计编写规范》(Q/SH1020 2784—2020)中3.7.3

2.《氮气排液技术规程》(Q/SH1020 0520—2018)中6.4.3

案例： 某井冲砂作业现场，施工设计中氮气返排工序未对井口提出固定要求。

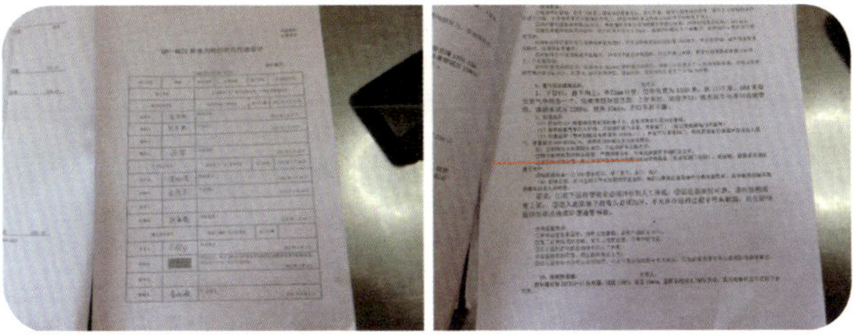

1. 井下作业施工设计“工序内容”根据地质设计和工艺设计要求，列出详细的作业步骤及技术措施；

2. 安全防护要求，根据作业井施工内容和工序安排，分析可能存在的风险类别、安全风险，有针对性地制定防护对策、措施。

1.《井下作业施工设计编写规范》(Q/SH1020 2784—2020)中3.5.3

2.《井下作业施工设计编写规范》(Q/SH1020 2784—2020)中3.7.3

案例： 某井起酸洗管作业现场，地质方案中显示无硫化氢，但工艺方案中显示有硫化氢，编写施工设计时未落实具体情况且无硫化氢风险防护措施。

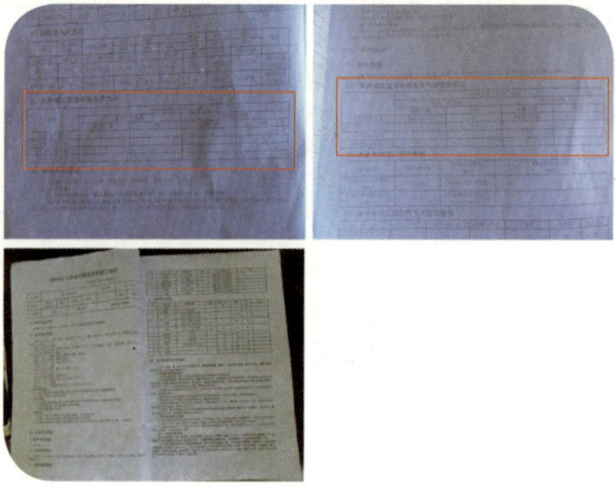

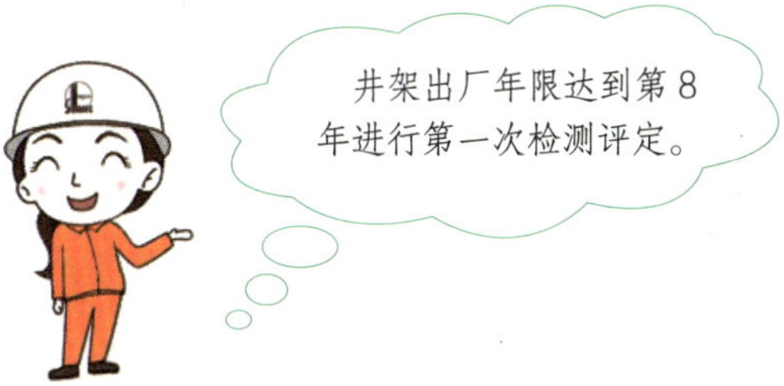

《石油钻机和修井机井架承载能力检测评定方法及分级规范》（SY/T 6326—2019）中9.2.1

案例： 某侧钻现场，承包商使用的修井机铭牌与测评报告、留存铭牌信息不符。

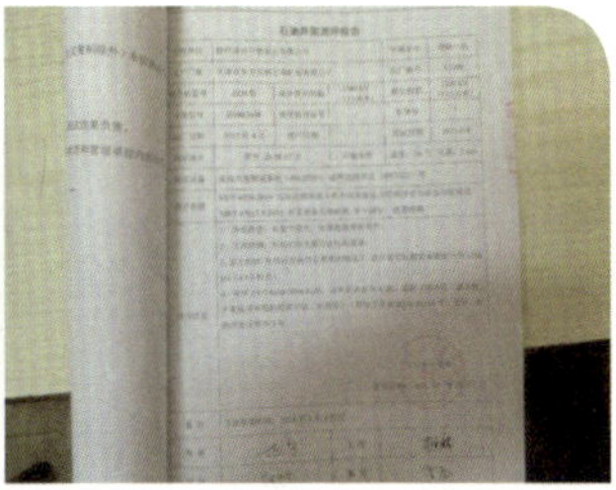

井架主要承载件在使用过程中出现开裂、弯曲、变形等现象，经修复后应进行井架检测评定。

《石油钻机和修井机井架承载能力检测评定方法及分级规范》（SY/T 6326—2019）中9.3

案例： 某井小修作业现场，井架中间一处横撑维修后没有进行检验。

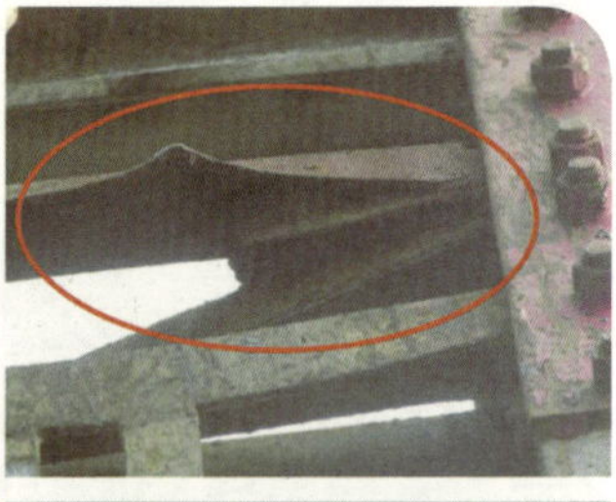

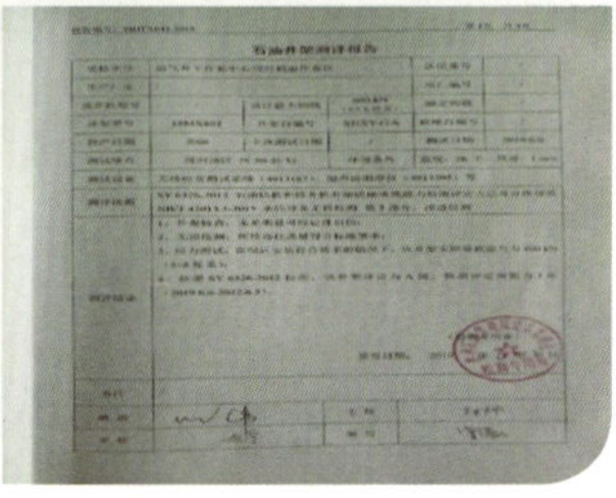

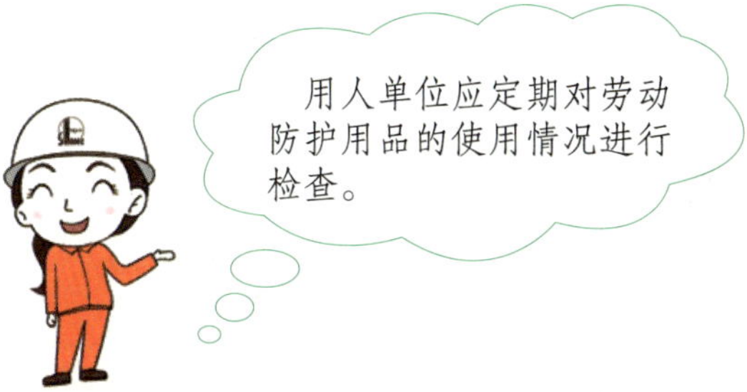

《石油天然气作业场所劳动防护用品配备规范》(SY/T 6524—2017) 中 7.5

案例： 某井起管柱施工现场，当日最低气温为 -11℃，两名员工未使用防寒安全帽。

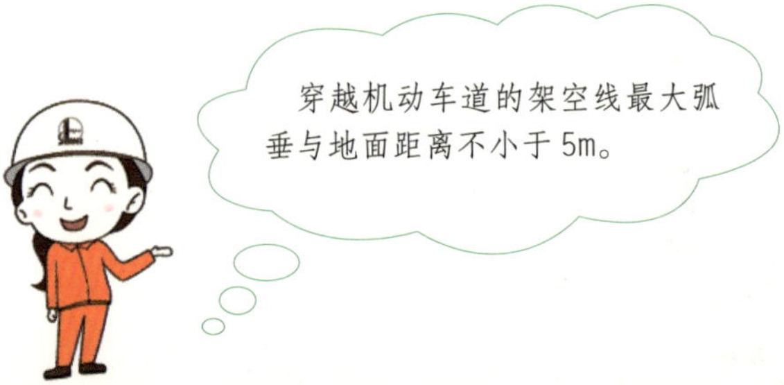

《中国石化临时用电作业安全管理规定》(中国石化安〔2015〕683号)中3.4.3

案例：某井小修作业现场，穿越机动车道处的临时用电架空线最大弧垂与地面距离不足2.5m，存在夜间行车刮碰电缆风险。

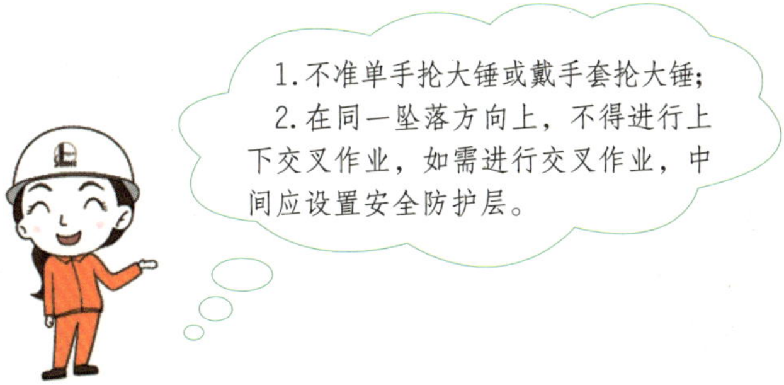

1.《锤击作业指导规范》中2.3

2.《中国石化高处作业安全管理规定》(中石化安〔2016〕4号)中3.2.9

案例: 某井作业现场，承包商作业队进行驴头让位作业时，作业人员在抽油机游梁上戴手套单手抡锤且下方有工作人员，存在伤人风险。

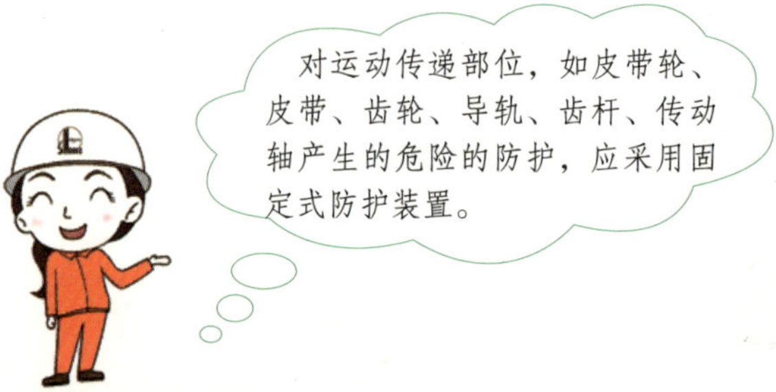

《机械安全　防护装置　固定式和活动式防护装置设计与制造一般要求》（GB/T 8196—2003）中6.4.1

案例： 某井调剖作业现场，承包商作业队使用的药剂泵联轴器无防护罩，存在机械伤害风险。

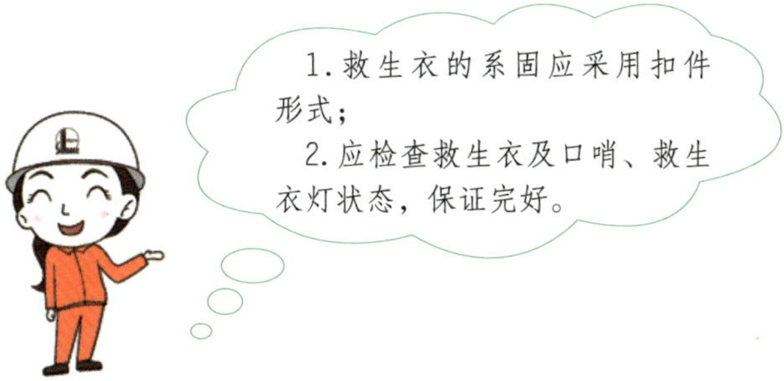

1.《船用救生衣》(GB 4303—2008)中5.2.3
2.《海上石油设施逃生和救生安全规范》(SY/T 6502—2017)中4.2.2

案例： 某滩海油井作业施工现场，承包商作业队未配备使用扣件形式的救生衣，且个别救生衣表面破损。

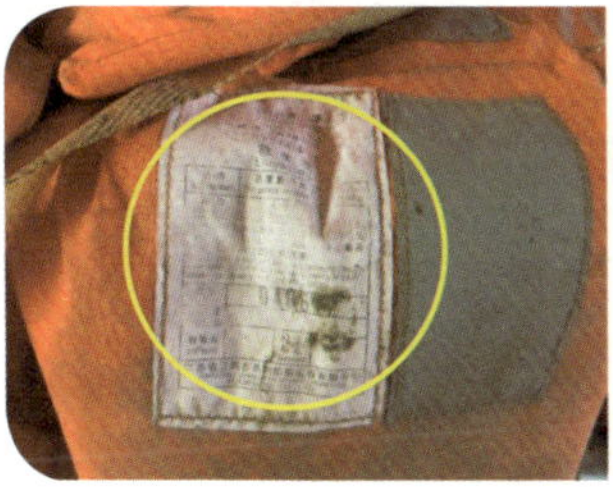

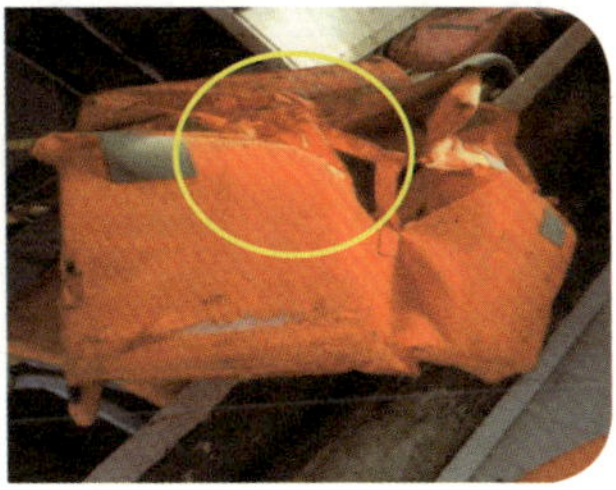

井控装置应安全可靠、灵活好用。

《油气水井井下作业井控技术规程》(Q/SH 0098—2011)中4.1(d)

案例： 某井作业现场，地面防喷器控制装置的压力控制器切换差调节螺帽缺失。

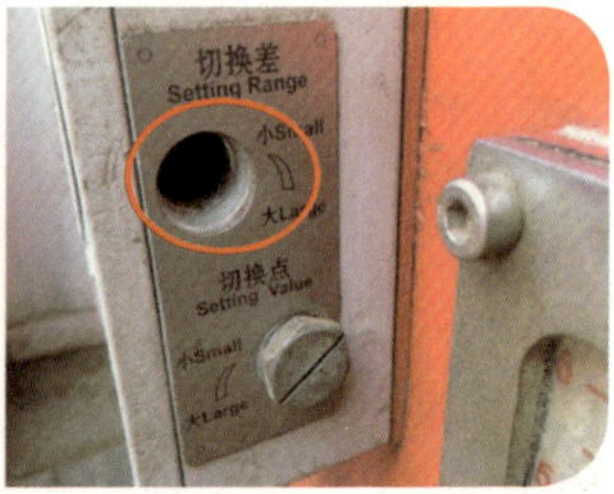

各种安全装置工作时应可靠有效。

《海上起重和升降设备检测检验规则》（Q/SH1020 2423—2020）中5.1.11

案例：某海上平台封井作业现场，承包商作业平台起重机力矩（超载）限制器报警灯损坏。

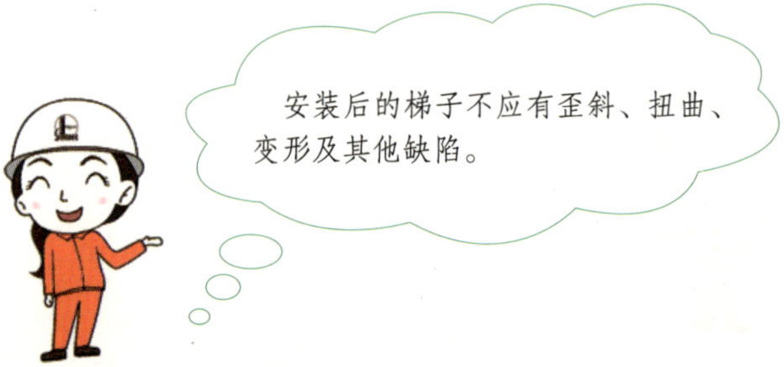

《固定式钢梯及平台安全要求　第2部分：钢斜梯》（GB 4053.2—2009）中4.4.1

案例：某井作业现场，井口操作平台梯子架设坡度过大，固定不牢。

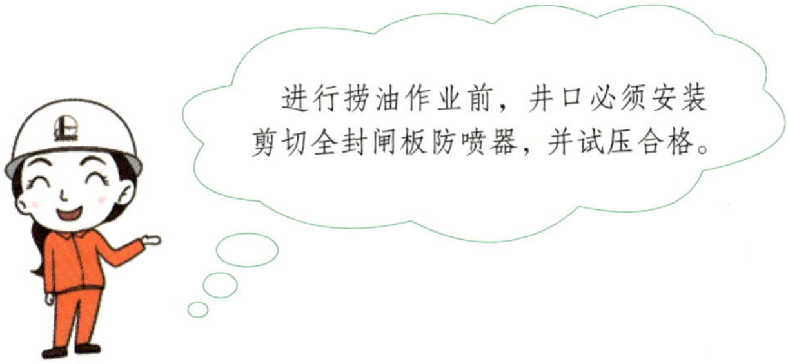

《套管捞油工艺操作规程》(Q/SH1020 1845—2019)中8.1.3

案例：某井捞油作业现场，捞油作业过程中未安装剪切全封闸板防喷器。

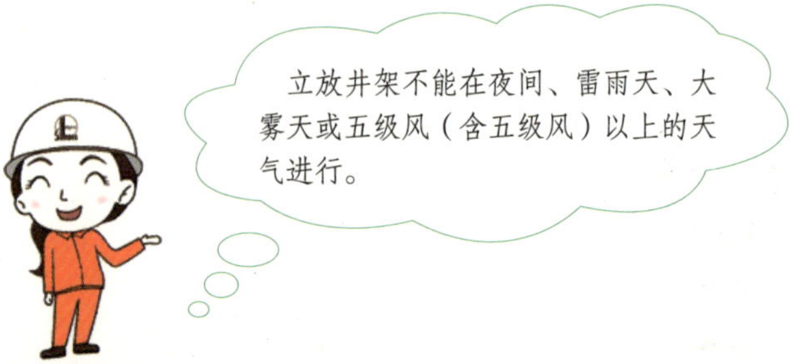

《立放运井架操作规程》(Q/SH1020 2024—2020) 中 6.2.5

案例： 某井作业现场，承包商施工人员于22时至23时立修井机井架。

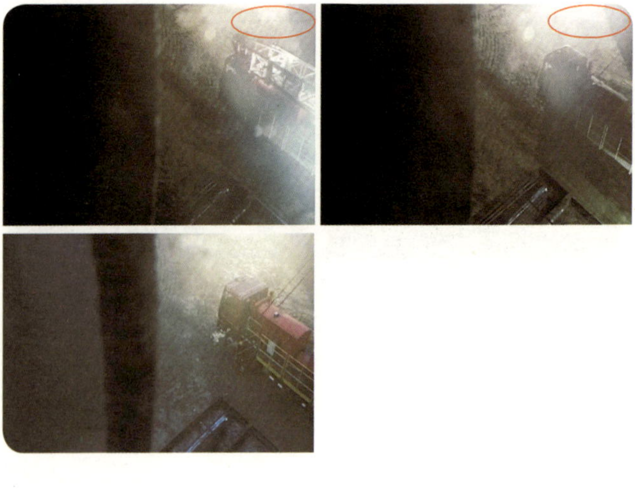

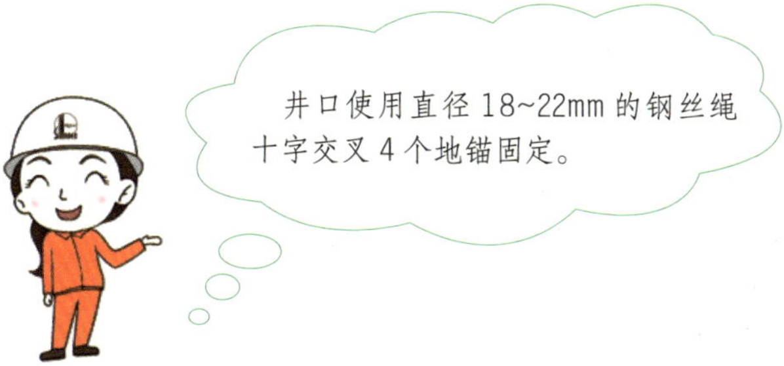

《油水气井注氮气安全技术规程》(Q/SH 0526—2013)中4.2.2

案例： 某井氮气混排施工现场，承包商未对井口使用的4个地锚进行有效可靠固定(两个连接在修井机上替代地锚并且未拉紧，另外两个地锚上端用卡箍连接且螺栓未上满扣)。

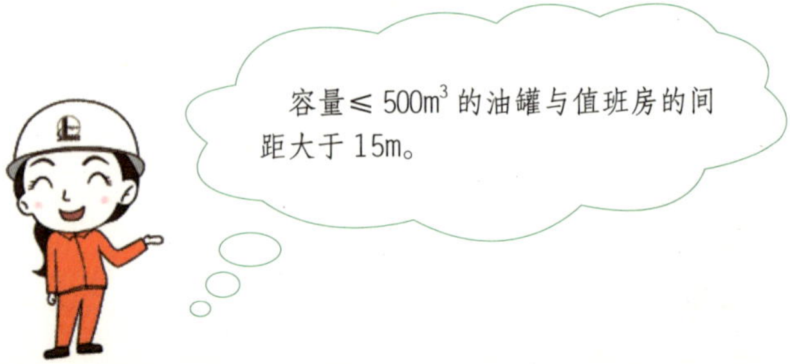

《石油天然气工程设计防火规范》（GB 50183—2004）中5.2.3

案例： 某井下冲砂管作业现场，井场值班房距离多功能罐仅7.5m，不满足15m安全距离的要求。

液缸体等承压零件应具有足够的刚度，不能因输送介质的温度、压力和作用于其上的外力导致输送介质的渗漏。

《机动往复泵》（GB/T 9234—2018）中5.5.3.1

案例：某井调剖现场，承包商使用的高压柱塞泵液力端缸体两侧开裂漏液。

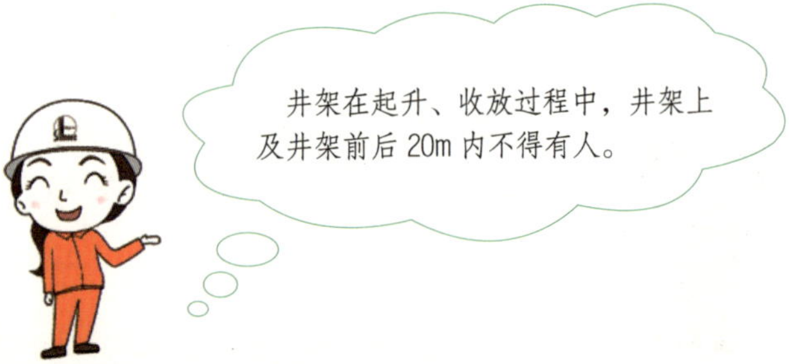

《修井机操作与维护技术规程　第1部分：XJ700型修井机》(Q/SH1020 2026.1—2015)中14.5

案例： 某井小修作业现场，承包商在立井架起升过程中，人员站在井架下方，存在人身伤害风险。

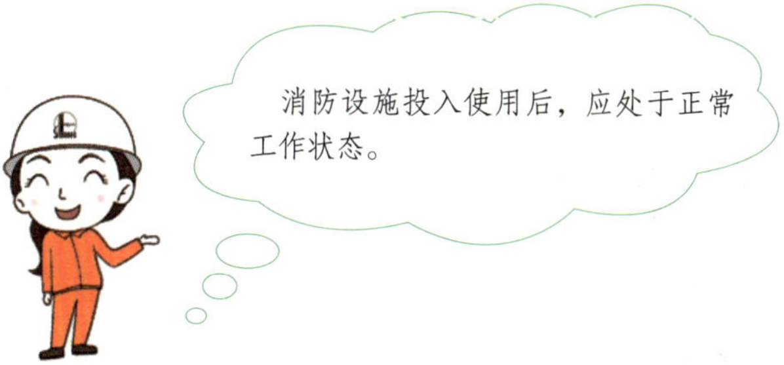

《消防设施维护管理规定》(Q/SH1020 2210—2013)中4.4

案例： 某井下套铣管施工现场，水泥车上的车载灭火器底部锈蚀与车体粘连，无法取用。

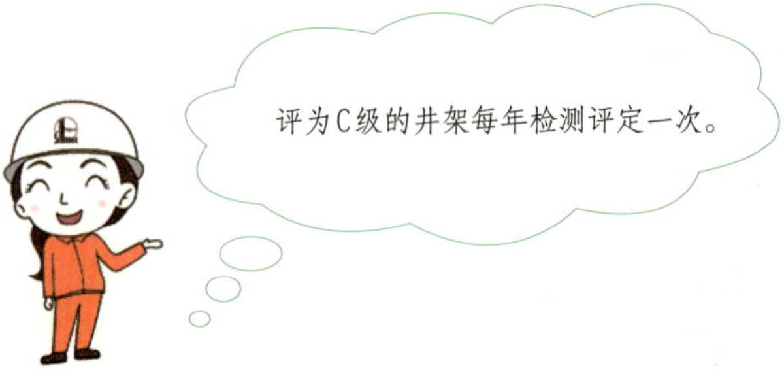

《石油钻机和修井机井架底座承载能力检测评定方法及分级规范》(SY 6326—2012) 中 9.2.1.2

案例： 某小修作业现场，井架已超检验期，未检验继续使用。

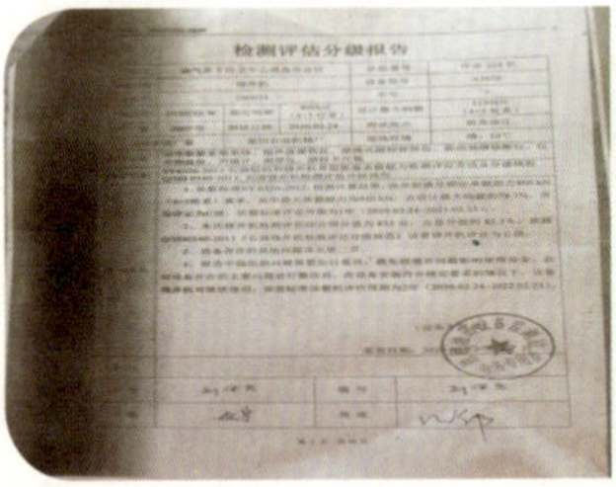

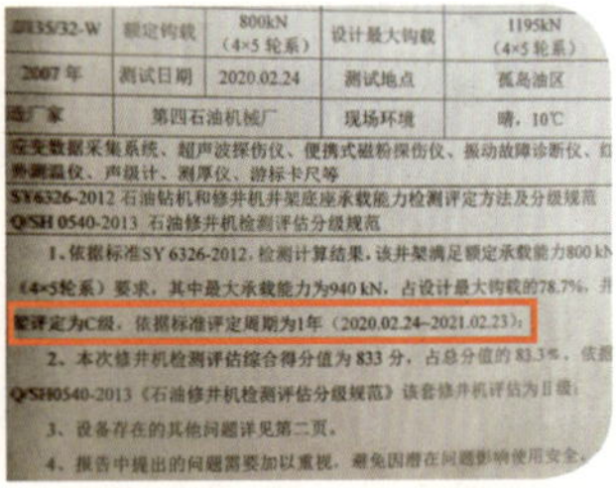

当使用条件或操作方法会导致重物意外脱钩时，应采用防脱绳带闭锁装置的吊钩。

《起重机械安全规程　第1部分：总则》（GB 6067.1—2010）中4.2.2.3

案例：某井下通井管作业现场，承包商使用的液压钳吊筒吊钩防脱装置失效。

正确安装并使用防坠落装置，各部件齐全完好、灵活好用。

《固定式作业井架使用维修管理规范》(Q/SH1020 0611—2015)中6.1.1

案例：某井作业现场，井架防坠落绳缠绕在绷绳上，无法使用。

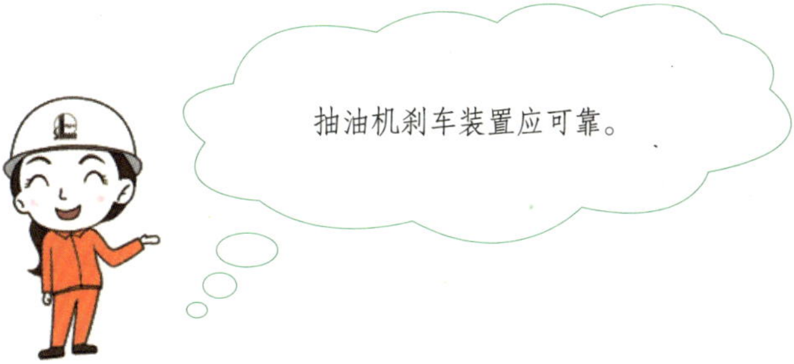

《陆上油气田油气集输安全规程》(SY 6320—2016)中4.1.5

案例： 某井小修作业现场，抽油机刹车不牢，作业施工期间抽油机驴头发生位移，存在与大钩刮碰风险。

防喷管线、节流管汇和压井管汇应采取防堵、防冻措施，保证任何状态下各闸阀开关灵活。

《胜利油田分公司钻井井控管理实施细则》(胜油公司发〔2017〕57号)中4.2.5.5

案例： 某井侧钻井起钻施工现场，承包商使用的防喷管线出口被封堵。

往复式注水泵应具有泵出口压力检测、超限保护功能。

《油田注水计量仪表配备规范》（Q/SH1020 2509—2016）中4.2.8

案例： 某井压驱施工现场，柱塞泵压力变送器远传数值26.8MPa，现场耐震压力表数值显示32MPa，存在超压连锁停机滞后风险。

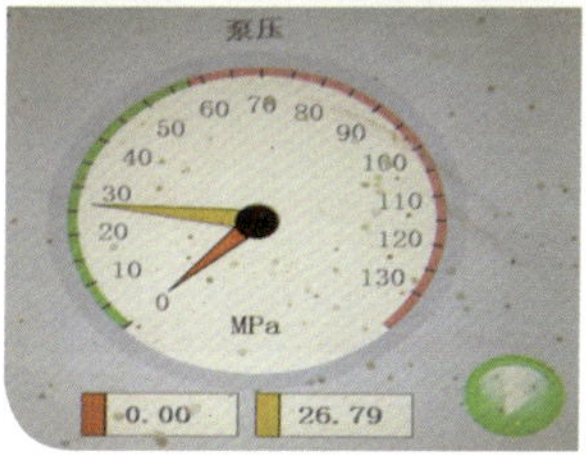

1. 在预测含有硫化氢的陆上场所或探井井场应按在岗人员数 100% 配备正压式空气呼吸器；

2. 应至少配备探测范围为 0~30mg/m^3 和 0~150mg/m^3 的便携式硫化氢检测仪各一台。

1.《硫化氢环境人身防护规范》（SY/T 6277—2017）中 5.1.2.2

2.《硫化氢环境人身防护规范》（SY/T 6277—2017）中 5.2.1.5

案例： 某井小修作业现场，地质设计中提示该井生产层位最大声波时差 510 μs/m，邻井同层位硫化氢含量最高为 1300mg/m^3，存在井控及硫化氢中毒风险，现场未配备正压式空气呼吸器及便携式硫化氢检测仪。

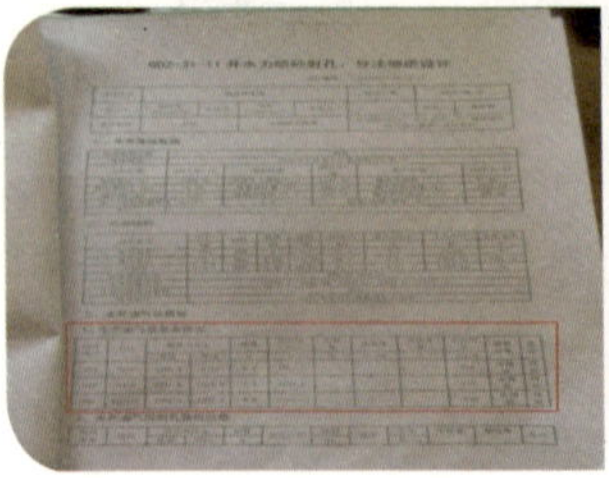

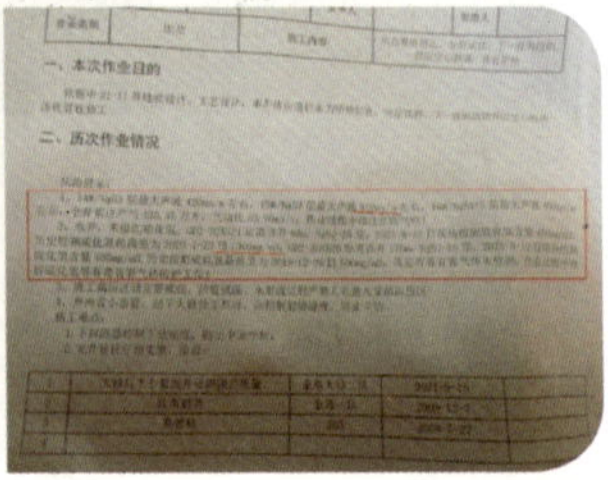

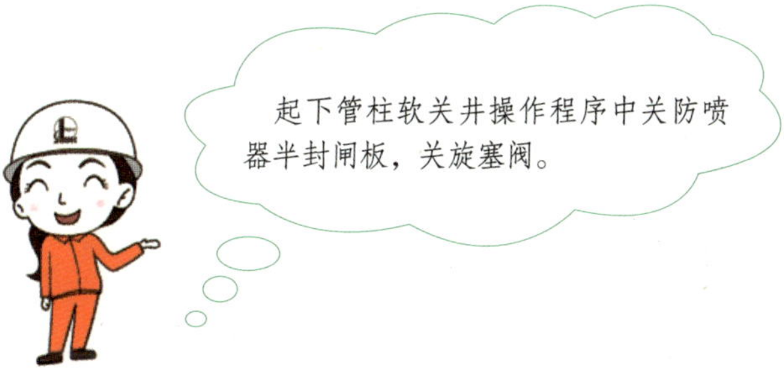

《油水井井下作业井控技术规程》(Q/SH 0098—2011)中C.3.1

案例： 某井小修作业现场，承包商停工关井时先关闭旋塞阀，后关闭半封闸板，关井程序错误，存在井控风险。

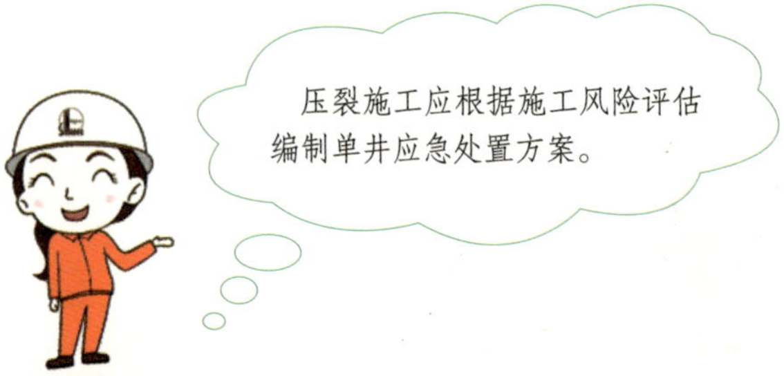

《陆上压裂施工作业安全要求》（Q/SH 0680—2016）中6.1

案例： 某井压裂放喷施工现场，试油施工设计未针对该井施工风险控制要求编制应急处置方案。

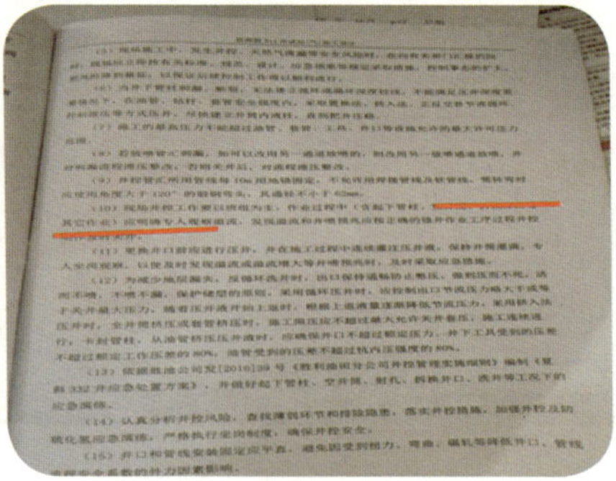

安全阀的设定压力：要求不大于被保护系统内最低的设计压力。

《安全阀的设置和选用》（HG/T 20570.2-95）中 2.0.16

案例： 某井连续油管施工现场，承包商使用的400型水泥车安全阀整定压力为70MPa，存在系统超压风险。

主车支腿支出、2级井架伸出后，液压油箱油位应在1/3以上位置。

《网电修井机操作与维护技术规程》(Q/SH1020 2206—2018)中10.1.3.4

案例：某井小修作业现场，网电修井机液压油漏失，主液压站液压油位已低于观测窗最下限。

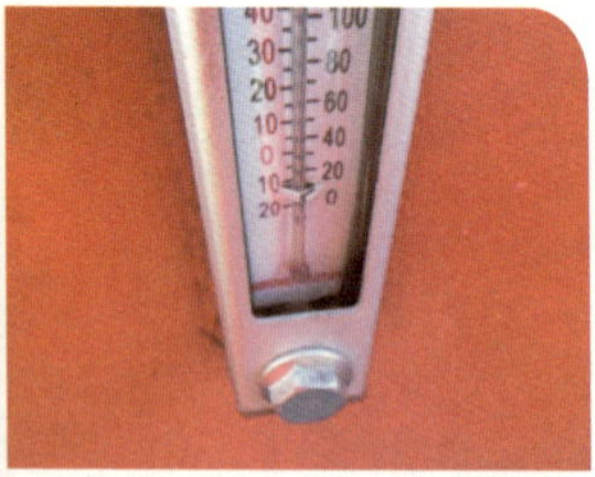

有自锁功能的连接器活门关闭时自动上锁，在上锁状态下必须经两个以上动作才能打开。

《坠落防护　连接器》（GB/T 23469—2009）中4.5

案例： 某井提磨铣管施工现场，承包商使用的井架防坠落连接器保险失效。

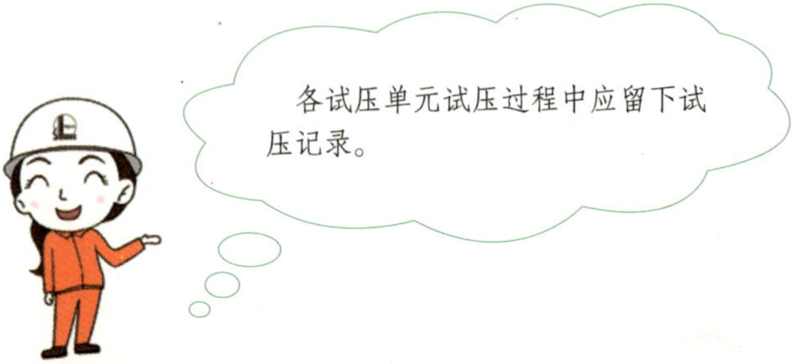

《井下作业井控技术管理规程》(Q/SH1020 2247—2019)中5.5.7

案例：某井小修作业现场，防喷器试压报告单未标注试压单元。

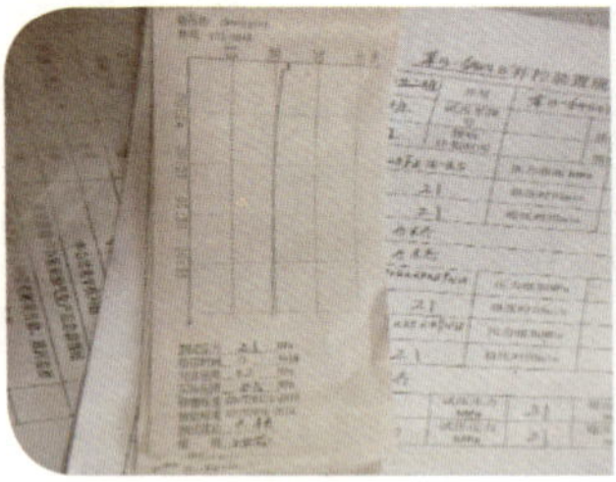

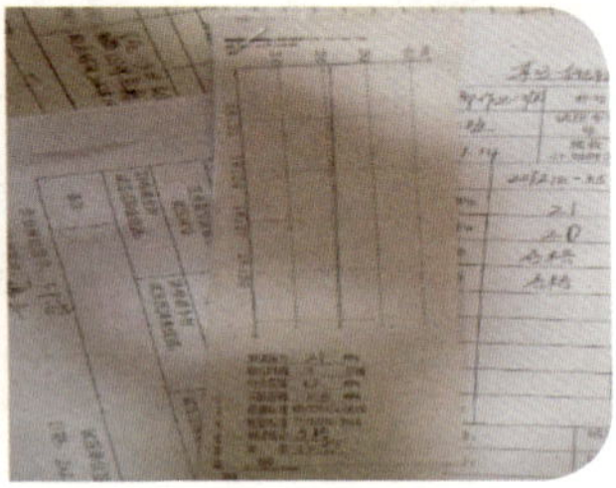

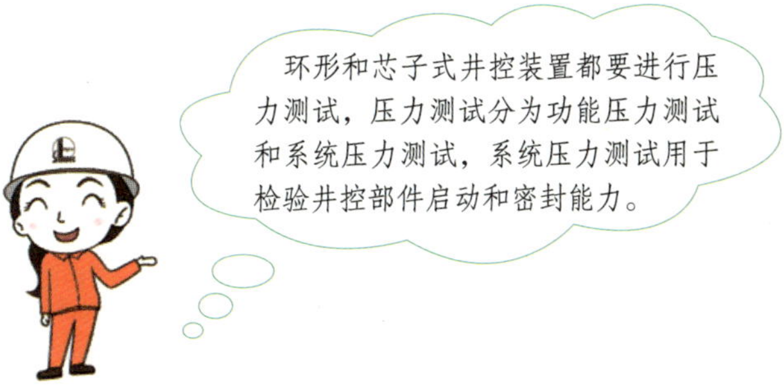

《油气井用连续管作业推荐作法》（SY/T 6698—2007）中7.10.1.1

案例： 某井连续油管钻塞施工现场，承包商使用的防喷器仅进行了整体试压，未对半封和全封试压。

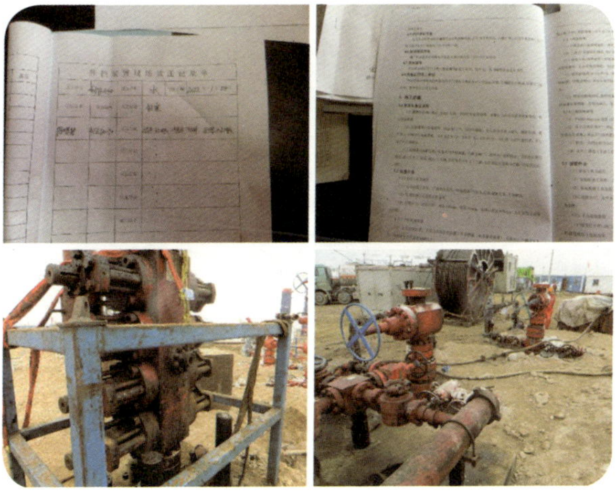

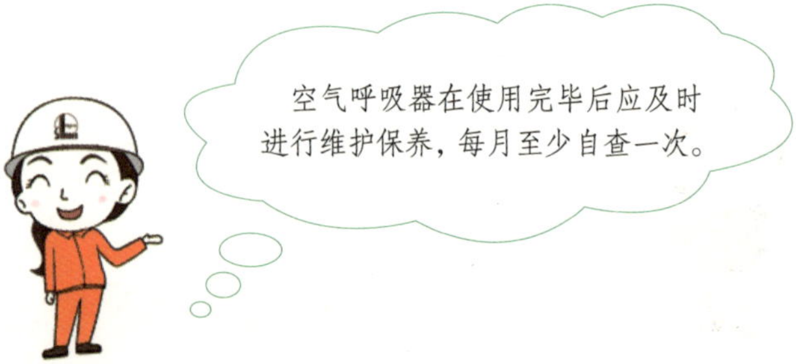

《正压式空气呼吸器安全使用规则》(Q/SH1020 2063—2018) 中5.4

案例： 某井小修作业现场，一台正压式空气呼吸器面罩缺少一片呼吸膜，无法正常使用。

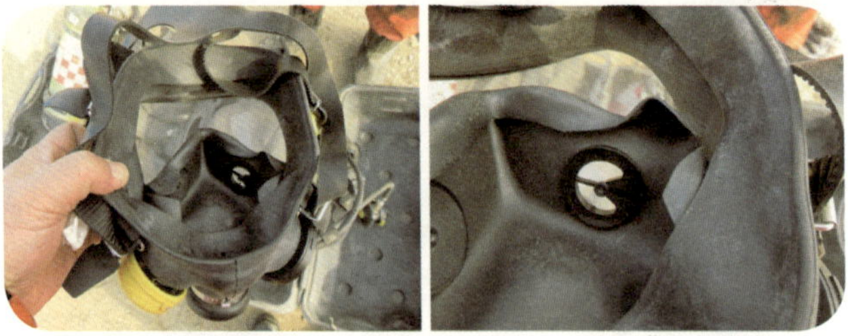

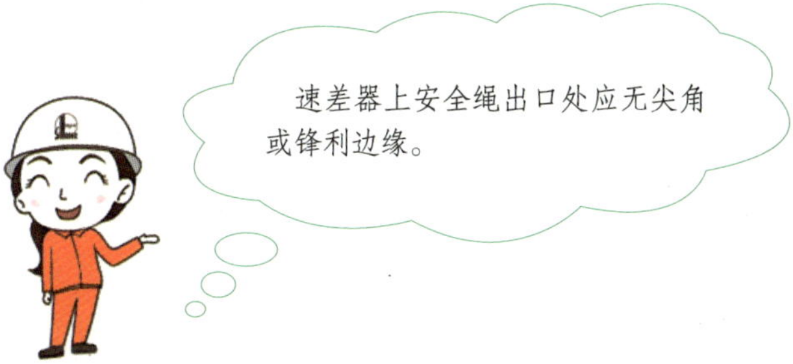

《坠落防护　速差自控器》(GB 24544—2009)中5.2.1.6

案例：某井小修作业现场，承包商使用的防坠落器安全绳与井架部件接触，受力状态下存在钢丝绳断裂风险。

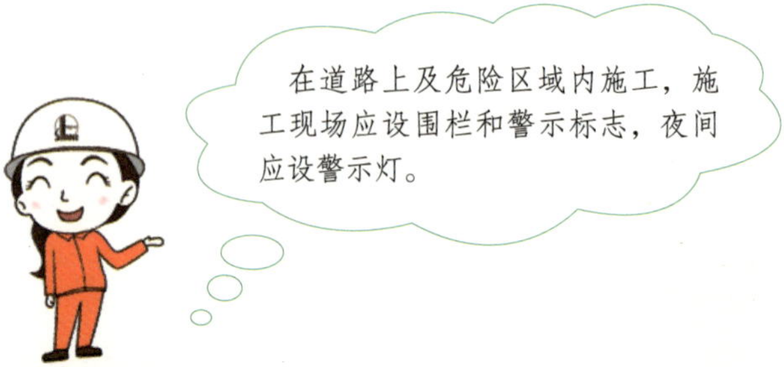

《中国石化动土作业安全管理规定》（中国石化安〔2016〕21号）中3.3.4

案例： 某井侧钻施工现场，井架绷绳跨路设置，未采取警示及夜间照明措施，存在车辆挂碰风险。

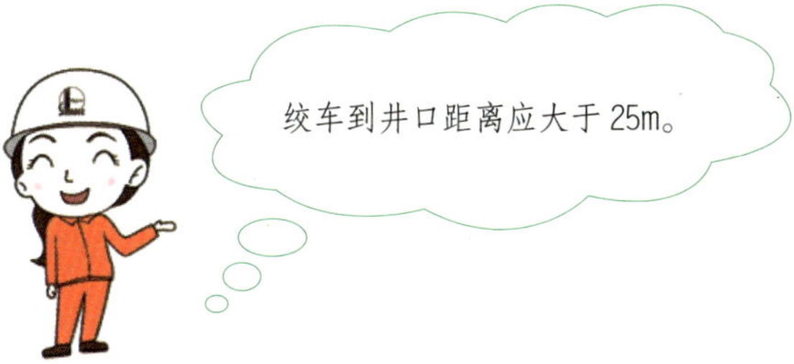

《石油测井作业安全规范》(SY/T 5726—2018)中6.1.6

案例： 某井测固井质量施工现场，测试绞车距离井口仅12.4m，安全间距不足。

调整花篮螺丝丝杠，丝杠另一端留在其连接框内的长度不应小于100mm。

《作业井架安装》(Q/SH1020 0225.1—2013)中7.2.3.2

案例： 某井起磨铣管施工现场，修井机右前车载绷绳法兰内侧无余扣，存在脱出风险。

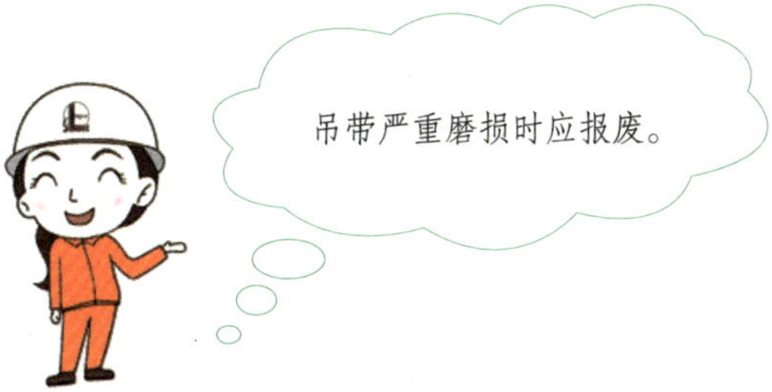

《起重机械吊具与索具安全规程》(LD 48-93)中 11.6.11

案例： 某井搬上施工现场，承包商吊装作业使用的吊带破损。

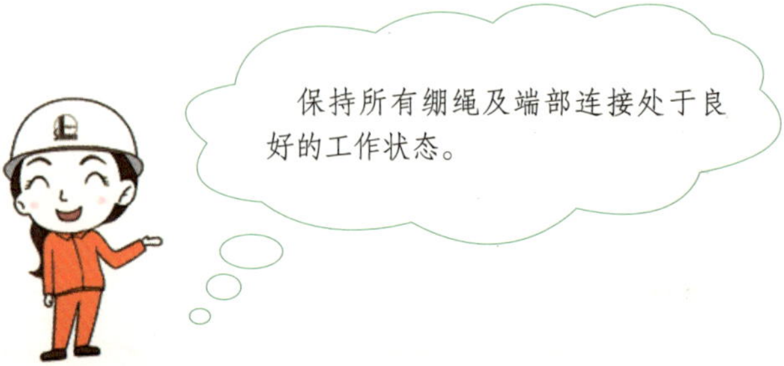

《石油天然气钻采设备 钻井和修井井架、底座的检查、维护、修理与使用》（SY/T 6408—2018）中14.5

案例： 某井取心现场，承包商在未做好充分准备的情况下提前将井架绷绳拆除。

应根据本次作业内容，作出与施工质量、施工安全、人员健康、环境保护有关的要求，评估可能的风险，并制定削减措施。

《井下作业工艺设计编写规范》(Q/SH1020 2783—2020)中2.8

案例： 某井带压作业施工现场，工艺设计内容按常规小修作业编写，与实际施工内容不符。

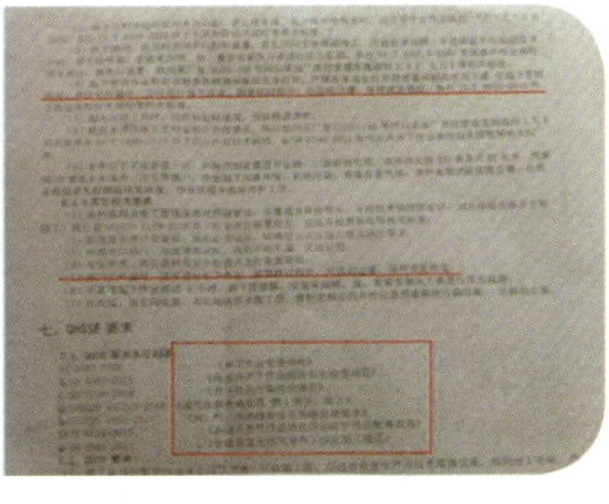

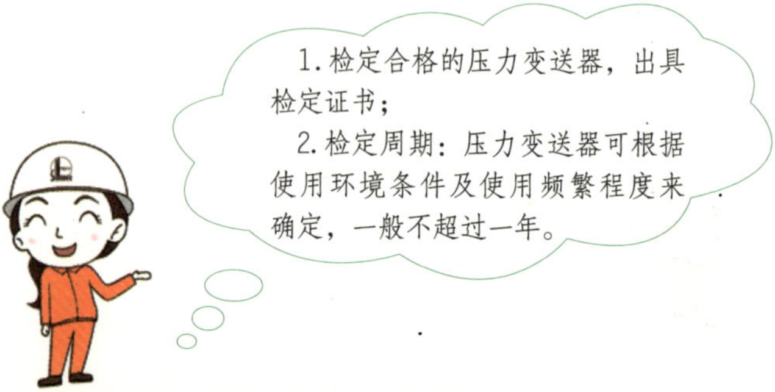

1.《压力变送器》(JJG 882—2019)中7.4.1
2.《压力变送器》(JJG 882—2019)中7.5

案例：某压驱施工现场，压力变送器未校验。

1. 电缆滚筒支架应用地锚固定；

2. 电缆滚筒支架应具有可靠的刹车装置。

1.《潜油电泵井施工技术规程》（Q/SH1020 0213—2018）中3.2.1

1.《潜油电泵井施工技术规程》（Q/SH1020 0213—2018）中4.3.1

案例： 某井侧钻施工现场，承包商起电泵管柱时使用的电缆滚筒未用地锚固定，无刹车，依靠人力使用管钳盘电缆，存在机械伤害风险。

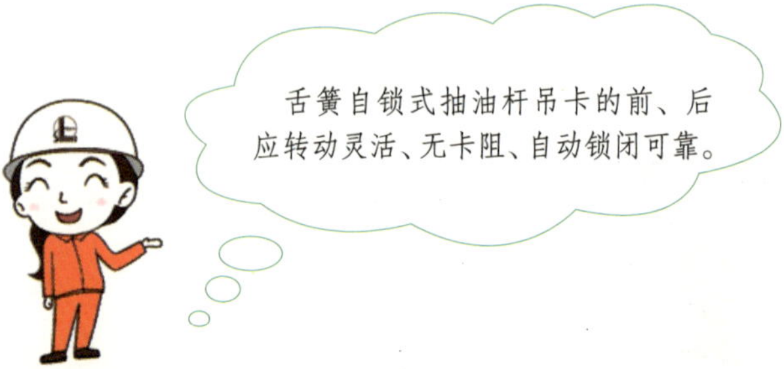

《抽油杆吊卡、吊钩》(SY/T 5236—2016)中4.8.3

案例： 某井作业现场，施工人员使用大锤敲击抽油杆吊卡，易造成锁闭功能损坏。

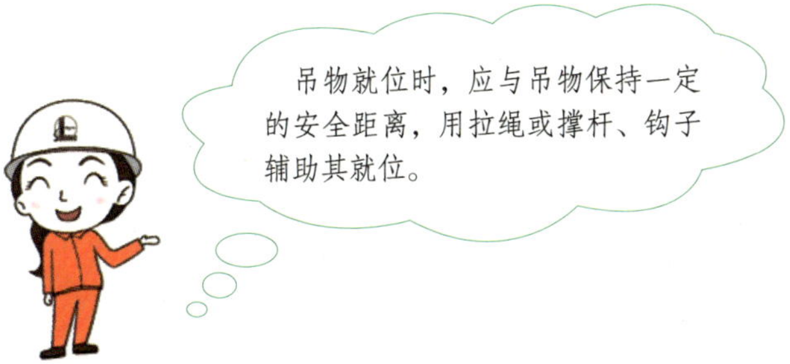

《吊装作业安全管理实施细则》中4.7.3

案例： 某小修作业施工现场，吊装油管过程中，作业人员手扶吊物，存在人身伤害风险。

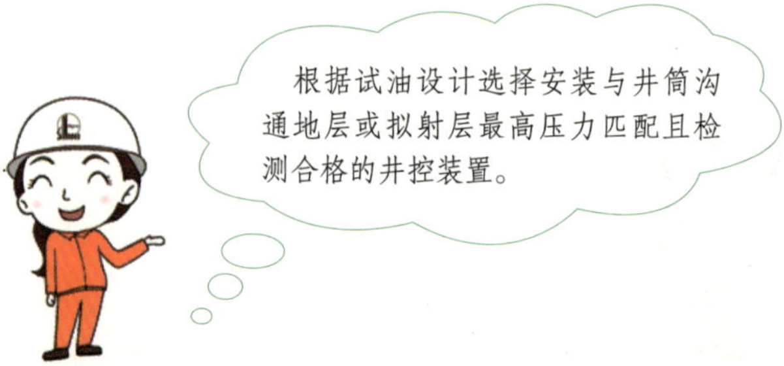

《试油(气)作业规程》(Q/SH1020 0398—2020)中3.1.1

案例： 某井试油作业现场，承包商在泵抽排液施工期间，未安装压井、节流管汇，存在井控风险。

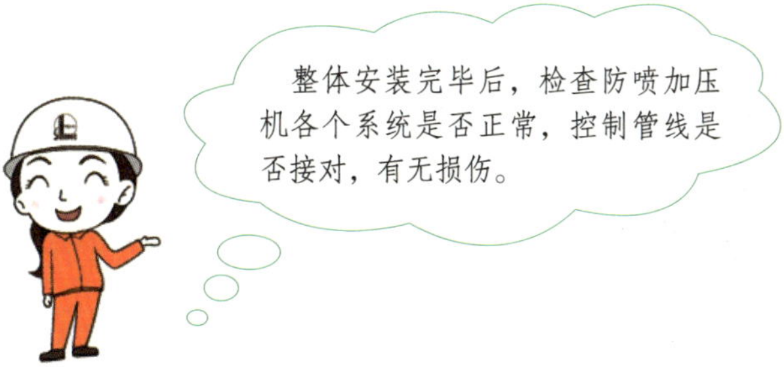

《油水井不压井作业技术规程》(QSH1020 1947—2011)中7.5.1.3

案例： 某井带压作业现场，司钻控制操作台上游动卡瓦手柄和游动半封手柄的控制线接反，存在误操作风险。

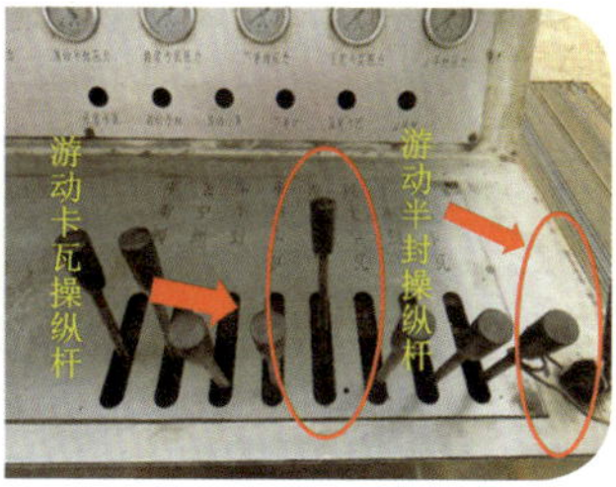

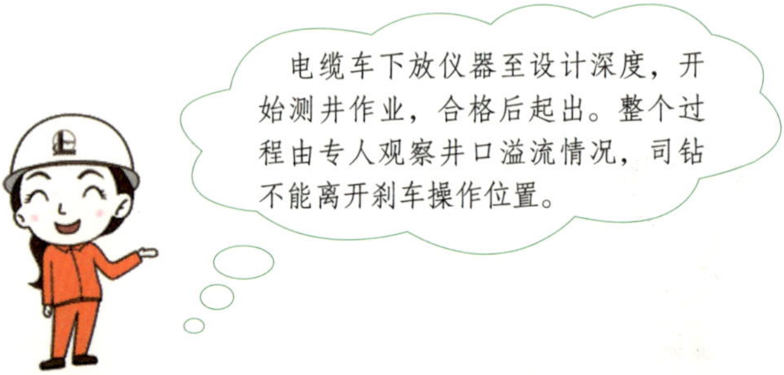

《电缆测井作业操作规程》中3.8

案例： 某作业现场，配合电缆测试期间，作业司钻离开操作位置。

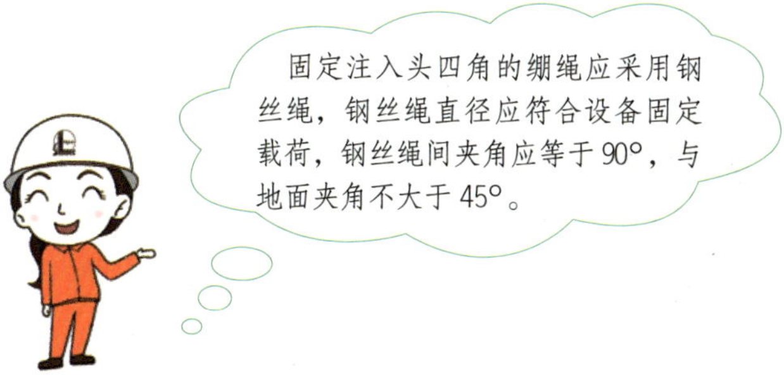

《连续油管作业技术规程》(Q/SH1020 0519—2018)中4.11.4

案例： 某连续油管施工现场，注入头未用绷绳固定，存在倾倒风险。

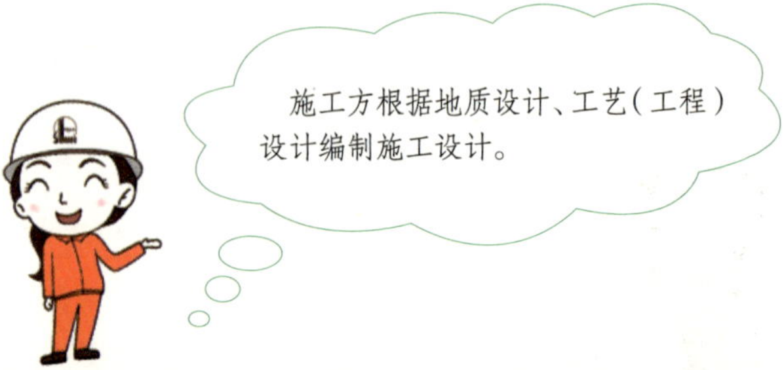

《井下作业设计管理办法》（胜油工程中心工单〔2020〕3号）中3.1.3

案例：某作业现场，地质设计提示该井硫化氢含量为16000ppm（$1ppm=10^{-6}$），但施工设计、工艺设计均未提示有硫化氢。

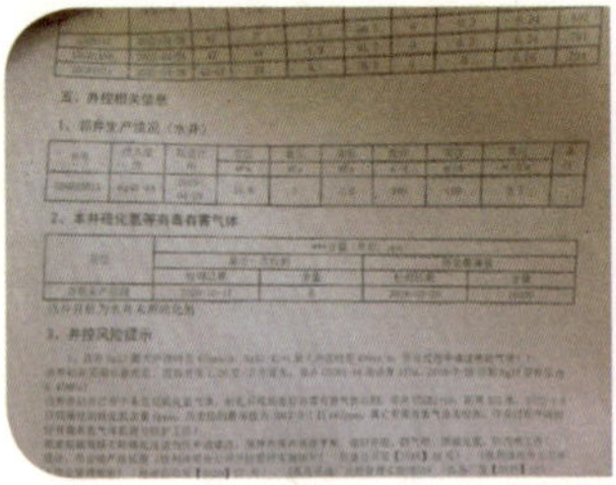

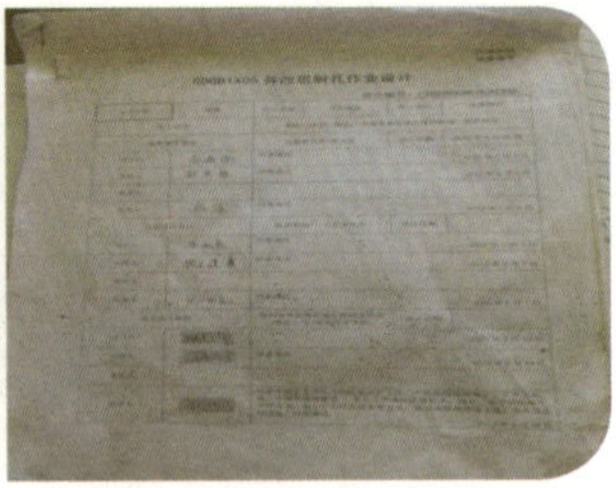

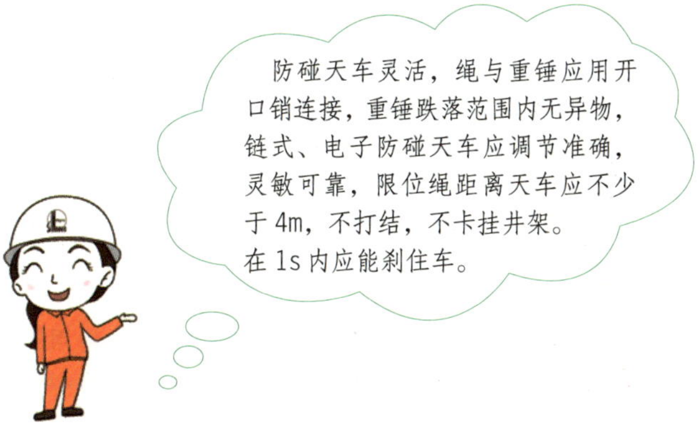

《钻井施工开钻安全技术条件》(Q/SH1020 1008—2010)中3.2.3.9

案例： 某井打通道作业现场，重锤式防碰天车限位绳设置距离天车约2m，存在刹车距离不足而顶天车风险。

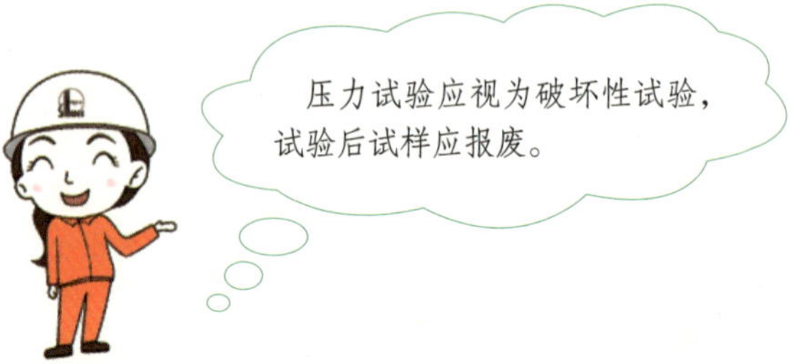

《橡胶软管及软管组合件　油基或水基流体适用的钢丝缠绕增强外覆橡胶液压型　规范》(GB/T 10544—2013)中7.5

案例： 某小修作业现场，承包商现场使用的高压橡胶软管出厂时进行了压力试验，未按要求报废。

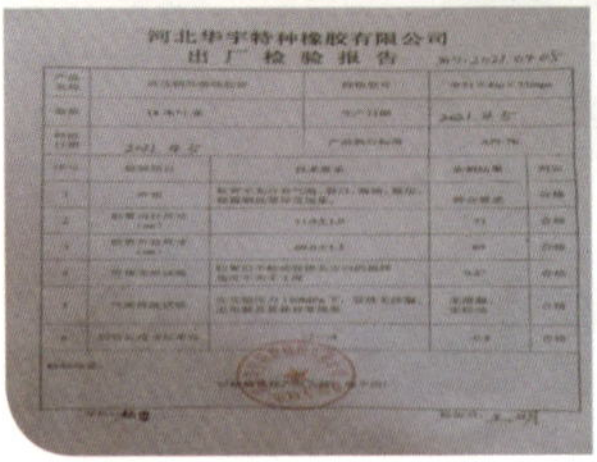

河北华宇特种橡胶有限公司

出厂检验报告

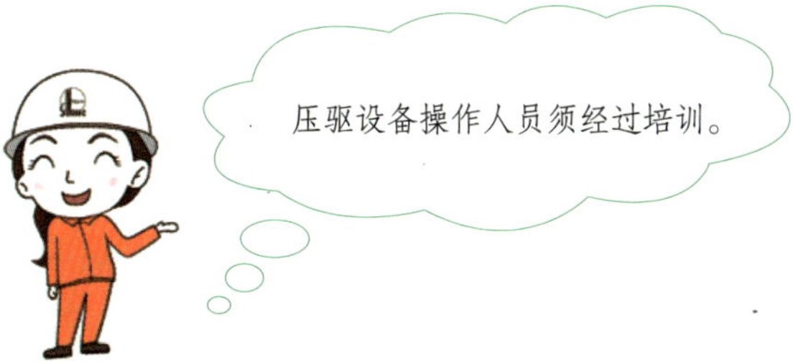

《压驱注水管理规范》中3.1.1.4

案例：某压驱施工现场，新上设备后人员培训不到位，操作人员不会调取设备的压力值及报警参数。